गणित सबके लिए

ज्यामिति

गणित सबके लिए

ज्यामिति

अनुराधा के. रामचन्द्रन
वागोवस्की

अरुणोदय प्रकाशन

ISBN : 978-81-88469-00-0

अरुणोदय प्रकाशन

4695, 21-ए, दरियागंज, नयी दिल्ली-110002

द्वारा प्रकाशित

प्रथम संस्करण : 2012

आवृत्ति 2019

मूल्य : ₹ 250.00

हर्ष प्रिंटर्स, दिल्ली-110 093

द्वारा मुद्रित

अरुणोदय प्रकाशन, वाणी प्रकाशन की सहयोगी संस्था

भूमिका

गणित सबके लिए योजना के अंतर्गत चार पुस्तकें तैयार की गयी है। अंकगणित, बीजगणित ज्यामिति व त्रिकोणमिति।

ये पुस्तकें दो उद्देश्यों को ध्यान में रखकर तैयार की गयी है। पहला स्पर्शज्या क्या है, प्रतिशत कैसे निकालते हैं। वर्ग समीकरण का मूल ज्ञात करने के लिए कौन-से सूत्र हैं आदि सूचनाएं इसमें जल्द से जल्द मिल सकती हैं। सभी के साथ उदाहरण भी दिये गये हैं। साथ ही किन-किन परिस्थितियों में कौन सा नियम लागू होगा यह बताया गया है। दूसरा उद्देश्य यह भी रहा है कि पुस्तक सरल रूप में पाठकों को उपलब्ध हो जाये। गणित को एक दुसाध्य विषय माना जाता है। परन्तु यदि इसे पढ़ने की प्रक्रिया क्या है साथ ही पुस्तक की शैली क्या हो, यदि लेखक और पाठक ध्यान में रखें तो विषय बेहद सरल है, सुगम्य है।

स्कूली पाठ्य पुस्तक में, विशेषकर यदि वह उच्च कक्षाओं के लिए लिखी गयी है, मुख्य भूमिका विवेचना की होती है, तथ्यपरक सामग्री तर्क के बोझ से दबी रहती है। कम से कम विद्यार्थियों को ऐसा ही लगता है, प्रस्तुत पुस्तक में तथ्यपरक सामग्री की भूमिका मुख्य है। इसका मतलब यह नहीं है कि इसमें विवेचना का तर्क है ही नहीं। कहीं कहीं सूत्र की स्थापना का तार्किक आधार भी दर्शाया गया है, पर यह सिर्फ विशेष परिस्थितियों में।

पुस्तक के हर भाग में ऐतिहासिक सर्वेक्षण भी दिये गये हैं इन्हें ध्यानपूर्वक पढ़ लेना अत्यंत लाभदायक है ये पुस्तक के आवश्यक अंग हैं, इन्हें आत्मसात पर ही पुस्तकें आगे पढ़ी जायें तो बेहतर होगा।

इन पुस्तकों को पढ़ते समय कई पाठक उदाहरणों पर विशेष ध्यान देंगे तो निश्चय ही गणित जैसे विषय को रुचिकर बल्कि पहेलियों जैसा सरस पायेंगे। गणित को समझने के लिए पुस्तक में गणित प्रतीक उनकी प्रणाली, लिपि आदि

भी दिये गये हैं गणित के पठन पाठन के लिए भारतीय टिप्पणीयों के साथ-साथ यूरोपिय प्राचीन और नवीन परंपराओं का वर्णन भी कोष्ठकों में किया गया है। पाठक उनको ध्यान देकर पढ़ें।

इस पुस्तक के अनेको संस्मरण प्रकाशित हुए हैं यह इस पुस्तक की सफलता का प्रतीक है।

बागोदस्की
अनुराधा के. रामचन्द्रन

गणितीय प्रतीक

प्रतीक	अर्थ	उदाहरण	पढ़ें
$+$	जोड़	$a+b$	ए प्लस बी
$-$	घटाव	$a-b$	ए माइनस बी
$\times$,	गुणा	$a \times b$, $a.b$	ए गुणा बी
$\div$	भाग	$a \div b$	ए भागा बी
$=$	बराबर	$a = b$	ए बराबर बी
$\neq$	नहीं बराबर	$a \neq b$	ए नहीं बराबर बी
$\approx$	लगभग	$a \approx b$	ए लगभग बी
$>$	बड़ा, अधिक	$a > b$	ए अधिक बी (से)
$<$	छोटा, कम	$a = b$	ए कम बी (से)
$\geqslant$	—	$a \geqslant$	ए बड़ा या बराबर बी
$\|\ \|$	परम या निरपेक्ष मान	$\|a\|$	परम ए (ए का परममान)
a^n	घात	$a^n = c$	ए पर एन बराबर सी
:	व्यतिमान	$a : b$	ए के प्रति बी, एक प्रति बी,
$\sqrt[3]{\ }$	n-वां मूल	$\sqrt[3]{8} = 2$	आठ का तीसरा मूल (घनमूल) बराबर दो
!	क्रम गुणन	$n!$	एन गुणाल
log	लगरथ	$\log_a b = c$	ए-भू का लौग बी, बराबर सी
lg	$\log_{10}$	$\lg 100 = 2$	दश-भू का लौग सौ बराबर दो
ln	$\log_e$		ई-भू का लौग...
lim	सीमा		सीमा, लिमिट
Σ	संकलन, कुल योग		सिग्मा, संकल
Δ	त्रिभुज	ΔABC	त्रिभुज ए बी सी
$\angle$	कोण	$\angle ABC$	कोण ए बी सी
^	चाप	$\widehat{AB}$	चाप AB
$\|\|$	समान्तर	$l \parallel m$	एल समांतर एम
$\perp$	बड़ा, अधिक	$l \perp m$	एल लंब एम (पर)

प्रतीक	*अर्थ*	*उदाहरण*	*पढ़ें*
~	समरूप	$\Delta ABC \sim \Delta DEF$	ΔABC समरूप ΔDEF (के)
π	वृत की परिधि और उसके व्यास का व्यतिमान		पाइ
°	डिग्री	10°	दस डिग्री
′	मिनट	30'	तीस मिनट
″	सेकेंड	35"	पैंतीस सेकेंड
∞	अनंत		
sin	दे. पृ. 401	$\sin 30° = ½$	साइन तीस डिग्री बराबर आधा
cos		$\cos\frac{\pi}{2}$	कौस पाइ बटा दो
tan			टैन
cot			कौट
sec			सेक
cosec			कौसेक
arcsin		arcsin x	आर्कसाइन x
arccos	दे. पृ. 417		आर्ककौस
arctan			आर्कटैन
arccot			आर्ककौट
arcsec			आर्कसेक
arccosec			आर्ककोसेक
$y = f(x)$			वाई बराबर फलन x

माप की मैट्रिक प्रणाली

लंबाई की माप

1 किलोमीटर (km) = 1000 मीटर (m)

1 मीटर (m) = 10 डेसीमीटर (dm) = 100 सेंटीमीटर (cm)

1 डेसीमीटर (dm) = 10 सेंटीमीटर (cm)

1 सेंटीमीटर (cm) = 10 मिलिमीटर (mm)

क्षेत्रफल की माप

1 वर्ग किलोमीटर (km^2) = 1000000 वर्ग मीटर (m^2)

1 वर्ग मीटर (m^2) = 100 वर्ग डेसीमीटर (dm^2) = 10000 वर्ग सेंटीमीटर (cm^2)

1 हेक्टर (ha) = 100 आर (a) = 10000 वर्ग मीटर (m^2)

1 आर (a) = 100 वर्ग मीटर (m^2)

व्योम की माप

1 घन मीटर (m^3) = 1000 घन डेसीमीटर (dm^3) = 1000000 घन सेंटीमीटर (cm^3)

1 घन डेसीमीटर (dm^3) = 1000 घन सेंटीमीटर (cm^3)

1 लीटर (1) = 1 घन डेसीमीटर (dm^3)

1 हेक्टोलीटर (hl) = 100 लीटर (1)

भार की माप

1 टन (ton) = 1000 किलोग्राम (kg)

1 सेंटनर = 100 किलोग्राम (kg)

1 किलोग्राम (kg) = 1000 ग्राम (g)

1 ग्राम (g) = 1000 मिलिग्राम (mg)

सोवियत मुद्रा

100 कोपेक = 1 रूबल

लातीनी वर्णमाला

छपाई में	लिखावट में	नाम
A a	*Aa*	ए
B a	*Bb*	बी
C a	*Cc*	सी
D a	*Dd*	डी

छपाई में	लिखावट में	नाम
E a	*Ee*	ई
F a	*Ff*	एफ
G a	*Gg*	जी
H a	*Hh*	एच

छपाई में	लिखावट में	नाम
I a	*Ii*	आई
J a	*Jj*	जे
K a	*Kk*	के
L a	*Ll*	एल
M a	*Mm*	एम
N n	*Nn*	एन
O n	*Oo*	ओ
P n	*Pp*	पी
Q n	*Qq*	क्यू

छपाई में	लिखावट में	नाम
R n	*Rr*	आर
S n	*Ss*	एस
T n	*Tt*	टी
U n	*Uu*	यू
V n	*Vv*	वी
W n	*Ww*	डब्ल्यू
X n	*Xx*	एक्स
Y n	*Yy*	वाई
Z n	*Zz*	जेड

ग्रीक वर्णमाला

Α α	अल्फा	Ν ν	न्यू
Β β	बीटा	Ξ ξ	क्सी
Γ γ	गामा	Ο ο	ओमीक्रोन
Δ δ	डेल्टा (देल्ता)	Π π	पाइ (पी)
Ε ε	एप्सीलोन	Ρ ρ	रो
Ζ ζ	जेटा (जेता)	Σ σ	सिग्मा
Η η	एटा (एता)	Τ τ	ताउ
Θ θ' θ	थीटा (थेता)	Φ φ	फी
l ι	इयोटा (इयोता)	Χ χ	ही
Κ κ	कप्पा	Υ υ	उप्सीलोन
Λ λ	लैम्डा (लांब्दा)	Ψ ψ	प्सी
Μ μ	म्यू	Ω ω	ओमेगा

विषय-सूची

ज्यामिति

A. तलमिति

ज्यामितिक बनावटें

1. *प्रत्त बिंदु C से प्रत्त सरल रेखा AB के समांतर एक सरल रेखा खींचें* (चित्र 22)।

C को केंद्र मानकर परकार से मनचाही त्रिज्या का एक वृत्त खींचें, जो AB को काटे। किसी एक कटान-बिंदु M से किसी भी ओर AB पर इसी

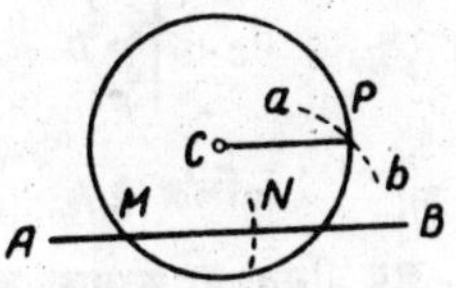

चित्र 22

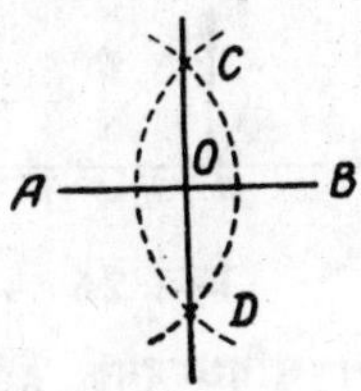

चित्र 23

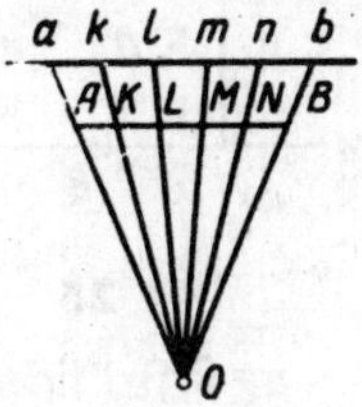

चित्र 24

त्रिज्या की दूरी MN अंकित करें। N से इसी त्रिज्या की दूरी पर चाप ab खींचें, जो वृत्त की परिधि को किसी बिंदु P पर काटे। बिंदु P और C मिला लें।

PC इष्ट रेखा है।

2. *प्रत्त कर्त AB को समद्विभाजित करना* (चित्र 23)।

कर्त के सिरों A व B से किसी समान (पर $\frac{1}{2}AB$ से बड़ी) दूरी पर दो चाप खींचें। इनके कटान-बिंदु C और D को सरल रेखा द्वारा मिला लें। सरल रेखा AB और CD का कटान-बिंदु O कर्त AB का मध्य है।

3. *कर्त AB को प्रत्त संख्या जितने समान भागों में बांटना* (चित्र 24)।

AB के समांतर एक सरल रेखा ab खींचें; इसके किसी बिंदु a से प्रत्त संख्या में समान दूरियां (जैसे $ak=kl=lm=mn=nb$) अंकित करें। सरल रेखा Aa तथा Bb का कटान-बिंदु O ज्ञात करें; सरल रेखा Ok, Ol, Om, On खींचें। ये रेखाएं AB को बिन्दु K, L, M, N पर काटती हुई AB को प्रत्त संख्या जितने (हमारे उदाहरण में 5) मान भागों में काटती हैं।

4. प्रत्त कर्त को प्रत्त राशियों के समानुपात में बाँटना।

हल पिछले प्रश्न की तरह है; इसमें *ab* पर प्रत्त राशियों की समानुपाती दूरियाँ अंकित करें।

5. सरल रेखा MN के प्रत्त बिंदु A पर लंब खींचना (चित्र 25)।

प्रत्त रेखा के बाहर मनचाहे बिंदु *O* से त्रिज्या *OA* वाला वृत्त खींचें। परिधि और सरल रेखा *MN* के दूसरे कटान-बिंदु *B* से व्यास *BC* खींचें; व्यास का दूसरा सिरा *C* प्रत्त बिंदु *A* के साथ मिला लें। *CA* इष्ट लंब है।

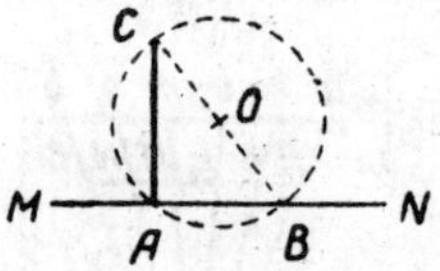

चित्र 25

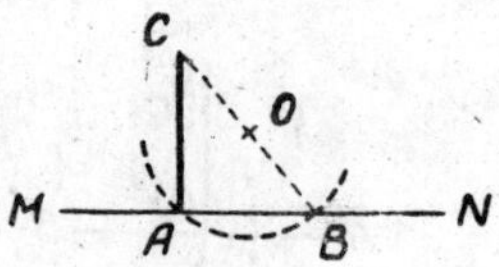

चित्र 26

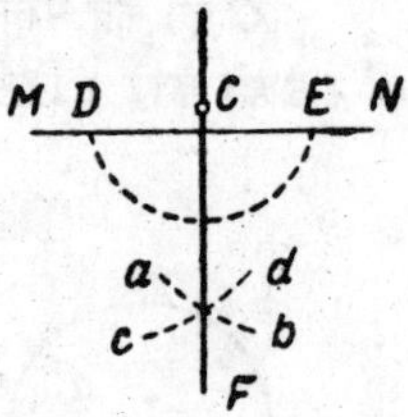

चित्र 27

यह विधि विशेष रूप से सुविधाजनक होती है, जब बिंदु *A* कागज की किनारी के बहुत निकट होता है। अगले प्रश्न के हल की पहली विधि भी इसी दृष्टि से अच्छीं है।

6. सरल रेखा MN पर इसके बाहर के प्रत्त बिंदु C से लंब खींचना।

प्रथम विधि (चित्र 26) : बिंदु *C* से मनचाही आड़ी रेखा *CB* खींचें, इसका मध्य बिंदु *O* ज्ञात करें (दे. प्रश्न 2) और इसे केंद्र मानकर त्रिज्या *OB* वाला वृत्त खींचें। वृत्त सरल रेखा *MN* को बिंदु *A* पर भी काटता है। *A* और *C* मिलाकर इष्ट लंब प्राप्त करें।

दूसरी विधि (चित्र 27) : यदि बिंदु *C* सरल रेखा *MN* के बहुत निकट है, तो उपरोक्त विधि से त्रुटि बहुत अधिक हो सकती है। इसीलिए इस दूसरी विधि का प्रयोग करना बेहतर है। बिंदु *C* को केंद्र मानकर मनचाही त्रिज्या वाला चाप *DE* खींचें, जो *MN* को बिंदु *D* और *E* पर काटता है। बिंदु *D* और *E* को क्रमशः केंद्र मानकर मनचाही (पर समान) त्रिज्या वाले चाप *cd* और *ab* खींचें, जो एक-दूसरे को बिंदु *F* पर काटते हैं। *F* और *C* को मिलाने वाली सरल रेखा इष्ट लंब है।

7. प्रत्त शीर्ष K और किरण KM में प्रत्त कोण ABC के बराबर एक कोण बनाना (चित्र 28)।

शीर्ष B से मनचाही त्रिज्या का चाप खींचें। इसी त्रिज्या का चाप pq केंद्र K से खींचें। बिंदु p से PQ के बराबर दूरी पर चाप $\alpha\beta$ खींचें। चाप pq और $\alpha\beta$ के कटान-बिंदु q को K से मिलायें। कोण qKM इष्ट कोण है।

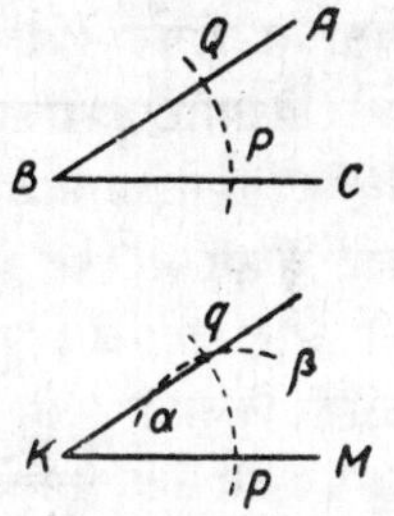

चित्र 28

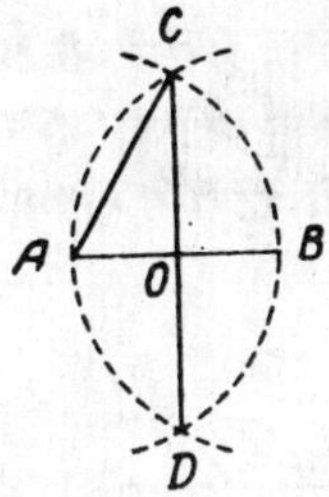

चित्र 29

8. *$60°$ और $30°$ के कोण बनाना* (चित्र 29)।

मनचाहे कर्त AB के सिरे A व B से AB को त्रिज्या मानकर चाप खींचें। चापों के कटान-बिंदु C और D को मिलाने वाली सरल रेखा कर्त AB को उसके मध्य बिंदु O पर काटती है। A और C को मिला लें। $\angle CAO = 60°$, $\angle ACO = 30°$ है।

9. *$45°$ का कोण बनाना* (चित्र 30)।

समकोण BAC की भुजाओं पर समान दूरियां AB और AC अंकित करें, B और C मिला लें। सरल रेखा BC किरण AB तथा AC में से प्रत्येक के साथ $45°$ का कोण बनाती है।

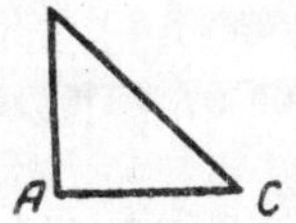

चित्र 30

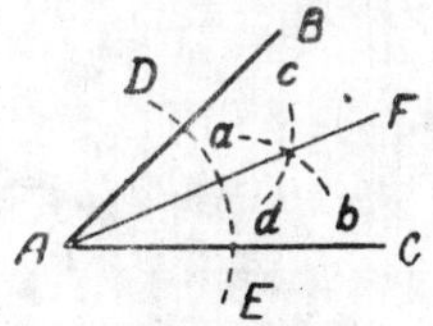

चित्र 31

10. *प्रत्त कोण BAC को समद्विभाजित करना* (चित्र 31)।

शीर्ष A से मनचाही त्रिज्या का चाप DE खींचें, जो भुजा AB और AC को क्रमशः D और E पर काटता है। D और E से मनचाही लेकिन समान त्रिज्या वाले चाप ab तथा cd खींचें (पिछली त्रिज्या को ही काम में लाना सुविधाजनक होगा; परकार की नोकों की दूरी नहीं बदलनी पड़ेगी)।

इन चापों के कटान-बिंदु F को A से मिला लें। सरल रेखा AF कोण BAC को समद्विभाजित करती है।

11. *प्रत्त कोण BAC को तीन बराबर भागों में बाँटना* (चित्र 32)।

सामान्य पटरी और परकार की सहायता से यह बनावट संभव नहीं है [पटरी से तात्पर्य है ऐसी पटरी, जिसकी सहायता से सरल रेखा खींची जा सके, लेकिन नाप नहीं ली जा सके]। परकार और सेंटीमीटर आदि किसी इकाई में नापने वाली पटरी से इसे संपन्न करने की विधि निम्न है : बिंदु A को केंद्र मानकर मनचाही त्रिज्या AC का वृत्त खींचें। AC को पीछे की ओर बढ़ा लें। पटरी को इस तरह रखें कि उसकी किनारी B से गुजरे; अब पटरी को B के गिर्द तब तक घुमायें, जब तक वृत्त और सरल रेखा AK के बीच त्रिज्या AC के बराबर का कर्त ED न मिले। कोण EDF ही कोण BAC का तिहाई भाग होगा।

चित्र 32

12. *प्रत्त बिंदु A और B से गुजरने वाला वृत्त खींचना, जिसकी त्रिज्या r प्रदत्त है* (चित्र 33)।

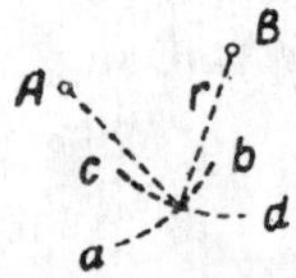

चित्र 33

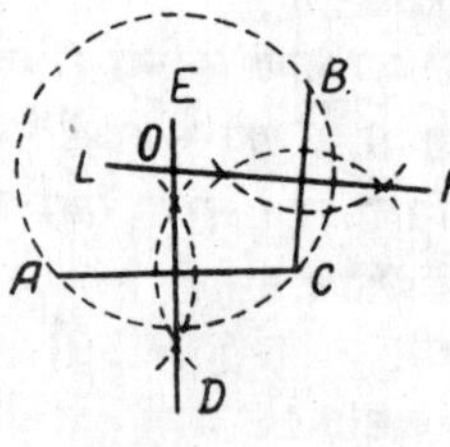

चित्र 34

बिंदु A और B से त्रिज्या r के चाप ab तथा cd खींचें, इन चापों का कटान-बिंदु इष्ट वृत्त का केंद्र है।

13. *तीन प्रत्त बिंदु A, B तथा C से (जो एक सरल रेखा पर नहीं हैं) गुजरने वाला वृत्त खींचना* (चित्र 34)।

कर्न AC तथा BC के मध्य बिंदुओं पर लंब ED तथा KL खींचें (दे. प्रश्न 2)। इन लंबों का कटान-बिंदु O इष्ट वृत्त का केंद्र है।

14. *किसी वृत्त के प्रत्त चाप का केन्द्र ज्ञात करना।*

प्रत्त चाप पर एक दूसरे से यथासंभव दूर स्थित तीन बिंदु चुन लेते हैं। इसके बाद पिछले प्रश्न के हल का अनुसरण करते हैं।

15. *वृत्त के प्रत्त चाप को समद्विभाजित करना।*

चाप के सिरों को चापकर्ण से मिला देते हैं। चापकर्ण के मध्य बिंदु पर लंब खींचते हैं (दे. प्रश्न 2)। यह लंब प्रत्त चाप का समद्विभाजक होगा।

16. *उन बिंदुओं का ज्यामितिक स्थान ज्ञात करना जिनसे प्रत्त कर्त AB प्रत्त कोण α पर दिखता है* (चित्र 35)।

बिंदुओं का इष्ट ज्यामितिक स्थान समान वृत्तों के दो चाप हैं, जिनके सिरे बिंदु A और B पर मिलते हैं (पर बिंदु A और B इष्ट ज्यामितिक स्थान में नहीं हैं)। इनके केंद्र निम्न विधि से ज्ञात किये जाते हैं: कर्त AB के सिरों पर AD और BK लंब डालें (दे. प्रश्न 5)। कोण $KBL = \alpha$ बना लें। BL और AD का कटान-बिंदु C मिलता है। कर्त BC का मध्य बिंदु O एक इष्ट चाप का केंद्र है और $OC = OB$ उसकी त्रिज्या है। दूसरा चाप भी इसी तरह ज्ञात किया जाता है।

17. *प्रत्त बिंदु A से प्रत्त वृत्त की स्पर्शक रेखा खींचना।*

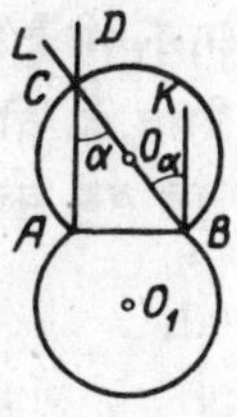

चित्र 35

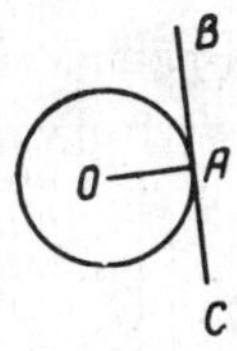

चित्र 36

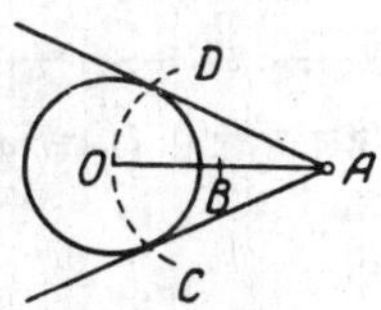

चित्र 37

पहली स्थिति (चित्र 36): यदि बिंदु वृत्त की परिधि पर है, तो त्रिज्या OA पर लंब BAC खींचें (दे. प्रश्न 5); BC इष्ट स्पर्शक रेखा है।

दूसरी स्थिति (चित्र 37): यदि A वृत्त के बाहर है, तो AO को आधा करें (दे. प्रश्न 2) और उसके मध्य बिंदु से त्रिज्या BO का चाप CD खींचें। बिंदु D व C को A से मिला लें। सरल रेखा AD और AC इष्ट स्पर्शक रेखाएं हैं।

18. *दो प्रत्त वृत्तों की वाह्य सामूहिक स्पर्शक रेखा खींचना।*

पहली स्थिति (चित्र 38): यदि प्रत्त वृत्तों की त्रिज्याएं समान हैं, तो दो हल मिलते हैं। इसके लिए उनके केंद्र A और B से AB के लंब KK_1 तथा LL_1 खींचें। KL और K_1L_1 रेखाएं इष्ट हल देती हैं।

दूसरी स्थिति (चित्र 39) : मान लें कि वृत्तों की त्रिज्याएं असमान हैं और $R > r$ है। बड़े वृत्त के केंद्र से त्रिज्या $AC = R - r$ का वृत्त खीचें;

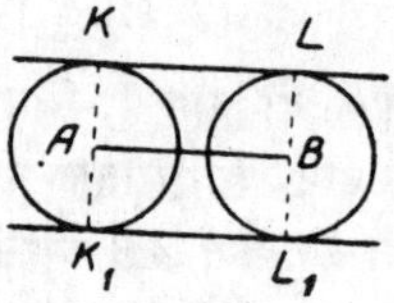

चित्र 38

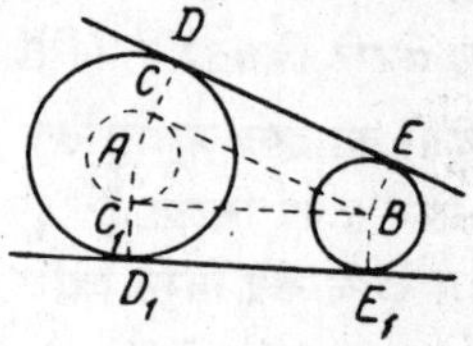

चित्र 39

छोटे वृत्त के केंद्र B से इसकी स्पर्शक रेखा BC खीचें (प्रश्न 17)। केंद्र A को स्पर्श बिंदु C से मिला लें और AC बढ़ाते हुए बड़े वृत्त की परिधि के साथ इसका कटान-बिंदु D ज्ञात करें। BC पर लंब BE डालें और छोटे वृत्त की परिधि के साथ इसका कटान-बिंदु E ज्ञात करें। D और E को मिलाने वाली सरल रेखा DE इष्ट स्पर्शक रेखा है। प्रश्न का दूसरा हल D_1E_1 भी है।

अन्य स्थितियां : यदि छोटा वृत्त पूर्णतया बडे वृत्त में स्थित है, तो प्रश्न का हल नहीं है (चित्र 40)। बीच की स्थिति में, जब छोटा वृत्त बड़े वृत्त को

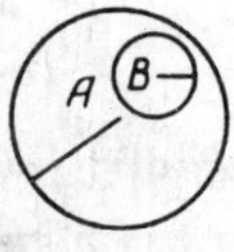

चित्र 40

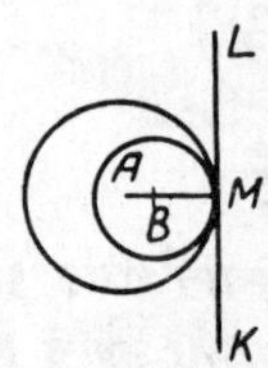

चित्र 41

भीतर से स्पर्श करता है, प्रश्न का सिर्फ एक हल मिलता है—आंतरिक स्पर्श के बिंदु M पर $KL \perp AM$ खींचने से (चित्र 41)।

19. दो प्रत्त वृत्तों *की आंतर समष्टिक स्पर्शक रेखा खींचना।*

यदि एक वृत्त दूसरे के भीतर होता है या दोनों एक दूसरे को काटते हैं, तो प्रश्न हलातीत होता है। यदि वृत्त एक दूसरे को बाहर से स्पर्श करते हैं (चित्र 42), तो प्रश्न का सिर्फ एक हल होता है; इसके लिए बिंदु M से $KL \perp AB$ खीचते हैं।

अन्य स्थितियों में (चित्र 43) दो हल DE और D_1E_1 मिलते हैं। केंद्र A से एक वृत्त खींचें, जिसकी त्रिज्या प्रत्त वृत्तों की त्रिज्याओं के योगफल के बराबर हो। केंद्र B से नये वृत्त की स्पर्शक रेखा BC खींचें (प्रश्न 17)। स्पर्श-बिंदु C

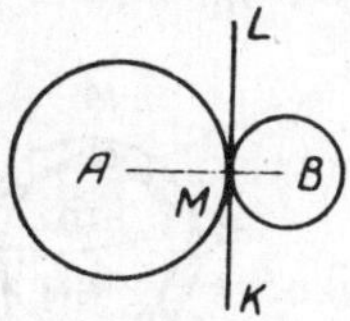

चित्र 42

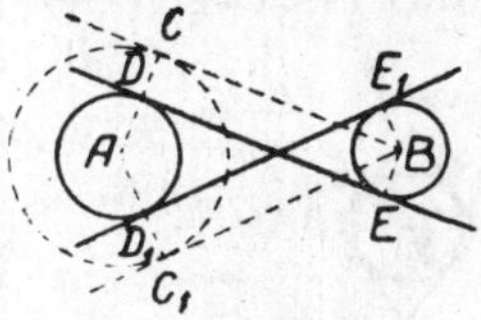

चित्र 43

और केंद्र A को मिलाने वाली रेखा AC वृत्त (A) की परिधि को बिंदु D पर स्पर्श करती है। B से त्रिज्या $BE \perp BC$ खींचें। इसका सिरा E बिंदु D से मिला लें। ED इष्ट स्पर्शी रेखा है। दूसरी स्पर्शक रेखा $E_1 D_1$ इसी तरह से खींची जाती है।

20. *प्रत्त त्रिभुज ABC के गिर्द वृत्त परीत करना।*

शीर्ष A, B, C से गुजरने वाला एक वृत्त खींच लें (दे. प्रश्न 13)।

21. *प्रत्त त्रिभुज ABC में वृत्त अंतरित करना* (चित्र 44)।

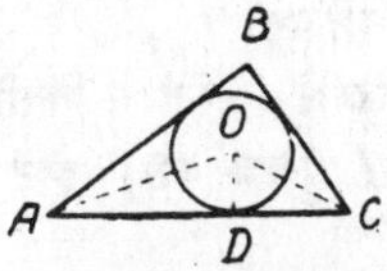

चित्र 44

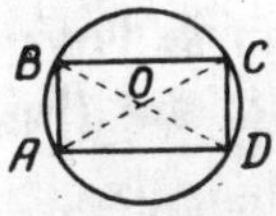

चित्र 45

त्रिभुज के किन्हीं दो कोणों (जैसे A और C) को आधा-आधा कर लें (दे. प्रश्न 10)। अर्धक रेखाओं के कटान-बिंदु O से $OD \perp AC$ खींचें (दे. प्रश्न 6)। त्रिज्या OD से इष्ट वृत्त मिलता है।

22. *प्रत्त आयत (या वर्ग) ABCD के गिर्द वृत्त परीत करना* (चित्र 45)।

AC और BD कर्ण खींचें। इनके कटान-बिंदु O से त्रिज्या OA का वृत्त इष्ट हल है।

तिरोकोणिक (असमकोणिक) समांतर चतुर्भुज के गिर्द परीत वृत्त खींचना संभव नहीं है।

23. *रोंब (या वर्ग) ABCD में वृत्त अंतरित करना* (चित्र 46)।

कर्णों के कटान-बिंदु O से $OE \perp AB$ खींचें। केंद्र O से त्रिज्या OE का वृत्त इष्ट है।

समांतर विषमचतुर्भुज को वृत्त से परीत करना संभव नहीं है।

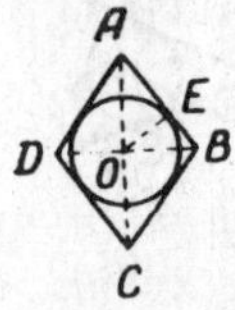

चित्र 46

चित्र 47

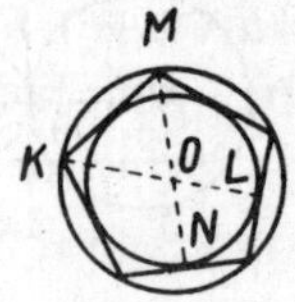

चित्र 48

24. *प्रत्त नियमित बहुभुज के गिर्द परीत वृत्त खींचना।*

स्थिति 1 (चित्र 47) : यदि भुजाओं की संख्या सम है, तो AB और CD रेखाओं द्वारा किन्हीं दो-दो सम्मुख शीर्षों को मिला लें। उनका कटान-बिंदु O इष्ट वृत्त का केंद्र होगा और कर्त OA त्रिज्या होगा।

स्थिति 2 (चित्र 48) : यदि भुजाओं की संख्या विषम है, तो किन्हीं दो शीर्षों K और M से उनकी सम्मुख भुजाओं पर लंब KL और MN डालें। इनके कटान-बिंदु O को केन्द्र मानकर त्रिज्या OK का वृत्त खींचें।

25. *प्रत्त नियमित बहुभुज में अंतरित वृत्त खींचना।*

वृत्त का केंद्र पिछले प्रश्न की भांति ज्ञात कर लें। केंद्र से किसी भी भुजा पर लंब ON डालें (चित्र 47)। ON (या OL, चित्र 48) इष्ट वृत्त की त्रिज्या है।

26 *तीन प्रत्त भुजाओं a, b, c से त्रिभुज बनाना* (चित्र 49)।

मान लें कि कर्त a सबसे लंबा है। यदि $a < b+c$, तो इष्ट त्रिभुज निम्न विधि से बनाते हैं : कर्त $BC=a$ अंकित करें। इसके सिरों B और C से क्रमशः c और b त्रिज्याओं के चाप mn और pq खींचें। इनके कटान-बिंदु A को B और C से मिला लें। यदि $a > b+c$ है, तो प्रश्न हलातीत है। यदि

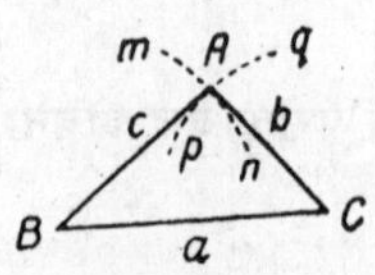

चित्र 49

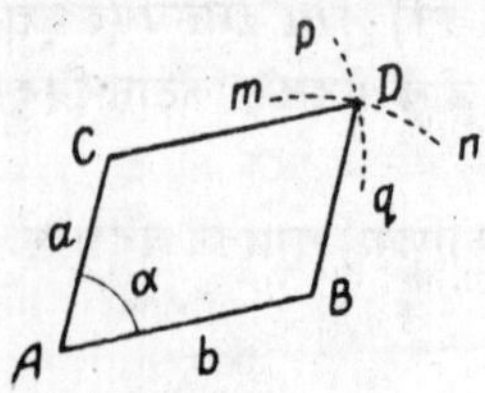

चित्र 50

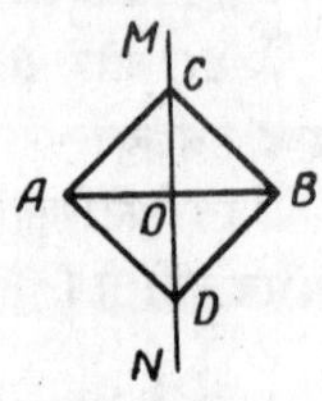

चित्र 51

$a=b+c$ है, तो एक **अवजात त्रिभुज** मिलता है जिसके तीनों शीर्ष एक सरल रेखा पर होते हैं (इसे सिर्फ औपचारिक रूप से त्रिभुज कह सकते हैं)।

27. *प्रत्त भुजा a, b और कोण α के सहारे समांतर चतुर्भुज बनाना* (चित्र 50)।

कोण $A=\alpha$ बना लें (दे. प्रश्न 7); इसकी भुजाओं पर कतं $AC=a$ और $AB=b$ काट लें। B से त्रिज्या a का चाप mn और C से त्रिज्या b का चाप pq खींचें। कटान-बिंदु D को C और B से मिला दें।

28. *प्रत्त भुजाओं से आयत बनाना।*

पिछले प्रश्न की भाँति हल करें, कोण α की जगह समकोण लें (दे. प्रश्न 5)।

29. *प्रत्त भुजा पर वर्ग बनाना।*

प्रश्न 27 और 28 का अनुसरण करें ($a=b$, $\alpha=90^\circ$)।

30. *प्रत्त कर्ण AB पर वर्ग बनाना* (चित्र 51)।

AB के मध्य बिंदु पर लंब MN डालें (दे. प्रश्न 2)। AB और MN के कटान-बिंदु O से MN पर $OC=OD=OA$ काटकर बिंदु C और D को A और B से मिला लें। $ACBD$ इष्ट वर्ग है।

31. *प्रत्त वृत्त में अंतरित वर्ग बनाना* (चित्र 52)।

दो परस्पर लंब व्यास AB और CD के सिरों को मिला दें; $ACBD$ इष्ट वर्ग है।

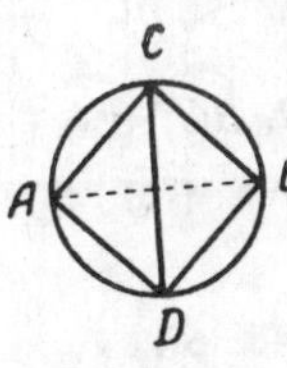

चित्र 52

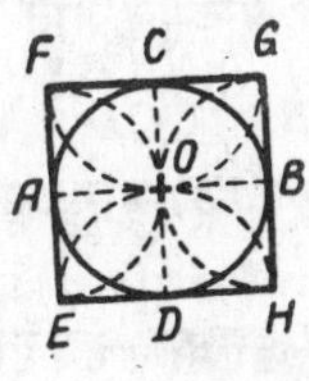

चित्र 53

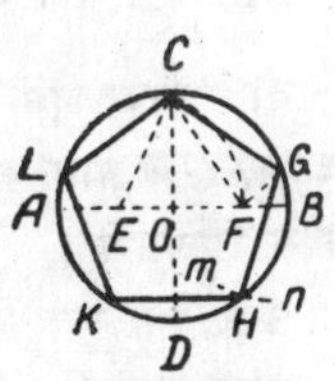

चित्र 54

32. *प्रत्त वृत्त के गिर्द परीत वर्ग बनाना* (चित्र 53)।

दो परस्पर लंब व्यास AB और CD के सिरों को केंद्र मानकर त्रिज्या OA के चार अर्धवृत्त खींचें; इनके कटान-बिंदु F, G, H, E इष्ट वर्ग के शीर्ष होंगे।

33. *प्रत्त वृत्त में नियमित पंचभुज अंतरित करना* (चित्र 54)।

दो परस्पर लंब व्यास AB और CD खींचें। त्रिज्या EC के मध्य बिंदु E

से त्रिज्या EC का $\overset{\frown}{CF}$ खींचें, जो व्यास AB को बिंदु F पर काटता है। C से त्रिज्या CF का $\overset{\frown}{FG}$ खींचें, जो प्रत्त वृत्त को बिंदु G पर काटता है; CG $(=CF)$ इष्ट आकृति की एक भुजा है। G को केंद्र बनाकर इसी त्रिज्या (CG) का $\overset{\frown}{mn}$ खींचें, जिससे इष्ट पंचभुज का एक और शीर्ष H ज्ञात हो जाता है। फिर H से त्रिज्या CG का चाप खींच कर अगला शीर्ष ज्ञात करते हैं, आदि।

34. *प्रत्त वृत्त में नियमित षटभुज और त्रिभुज अंतरित करना* **(चित्र 55)।**

परकार द्वारा त्रिज्या के बराबर चाप से परिधि पर बिंदु A, B, C, D, E, F अंकित करें। हर बिंदु को अगले बिंदु से मिलाने पर षटभुज $ABCDEF$ मिलेगा, एक बिंदु छोड़कर मिलाने से त्रिभुज DBF (या ACF) मिलेगा।

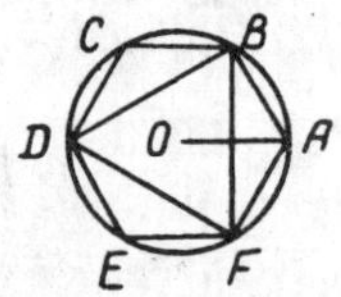

चित्र 55

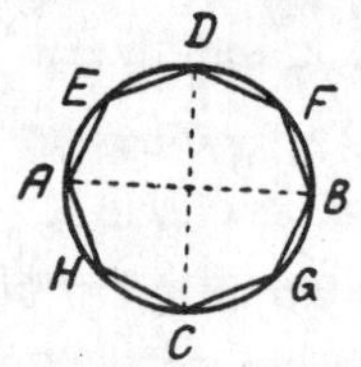

चित्र 56

35. *प्रत्त वृत्त में नियमित अष्टभुज ज्ञात करना* **(चित्र 56)।**

दो परस्पर लंब त्रिज्या AB और CD लें। $\overset{\frown}{AD}$, $\overset{\frown}{DB}$, $\overset{\frown}{BC}$, $\overset{\frown}{CA}$ के मध्य बिंदु $EFGH$ ज्ञात करें (दे. प्रश्न 15) और इस तरह से प्राप्त आठों बिंदुओं को क्रम से मिला लें।

36. *प्रत्त वृत्त में नियमित दशभुज अंतरित करना* **(चित्र 54)।**

प्रश्न 33 की भाँति बिंदु F ज्ञात करते हैं। कर्त OF इष्ट आकृति की भुजा के बराबर होगा। परकार से OF की त्रिज्या के चाप से परिधि को काटते चले जायें; सभी दस शीर्ष मिल जाएंगे।

सात और नौ भुजाओं वाले नियमित बहुभुज पटरी और परकार की सहायता से वृत्त में अंतरित नहीं किये जा सकते।

37. *प्रत्त वृत्त के गिर्द नियमित त्रिभुज, पंचभुज, षट्भुज, अष्टभुज, दशभुज परीत करना* **(चित्र 57)।**

वृत्त की परिधि पर आवश्यक संख्या में भुजाओं वाले अंतरित बहुभुज के शीर्ष *A*, *B*,..., *F* अंकित कर लें (दे. प्रश्न **33-36**)। *OA*, *OB*,..., *OF* त्रिज्याएं खींच कर उसे आगे बढ़ायें। चाप *AB* का मध्य बिंदु *G* ज्ञात करके (दे. प्रश्न 15) $JP \perp OE$ खींचें। पड़ोस की त्रिज्याओं से घिरा हुआ कर्त *JP* इष्ट बहुभुज की एक भुजा है। अन्य त्रिज्याओं पर *OP* के बराबर कर्त *OK*, *OL*,..., *ON* काट लें; *J*, *K*, *L*,..., *N*, *P* को क्रम से मिला लें। *JKLM...NP* इष्ट बहुभुज है।

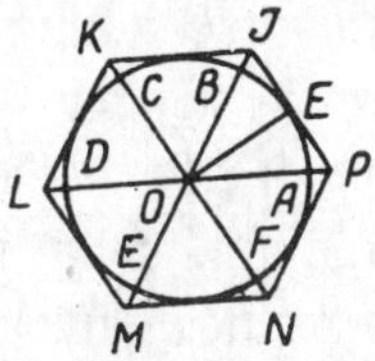

चित्र 57

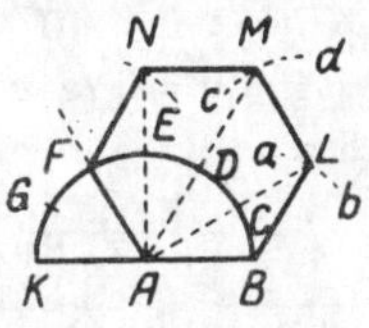

चित्र 58

38. *प्रत्त भुजा a से नियमित n-भुज बनाना* (चित्र 58)।

कर्त $BK=2a$ को व्यास मानकर अर्ध वृत्त खींचें। बिंदु *C*, *D*, *E*, *F*, *G* से (अर्थात् **2*n*-भुज** के शीर्षों से; चित्र में $n=6$ है) अर्ध वृत्त को *n* समान भागों में बाँट लें। केन्द्र *A* को अंतिम दो बिंदुओं (*K* और *G*) को छोड़कर बाकी सभी बिंदुओं से मिला लें। बिंदु *B* से त्रिज्या *AB* के चाप *ab* से किरण *AL* को काटें; कटान-बिंदु *L* से उसी त्रिज्या के चाप *cd* से किरण *AM* को बिंदु *M* पर काटें; यह प्रक्रिया दुहराते जायें। प्राप्त बिंदुओं *B*, *L*, *M*, *N* आदि को क्रम से मिलाने पर इष्ट बहुभुज *ABLMNF* मिल जाता है।

पटरी और परकार से इस प्रश्न का हल हमेशा संभव नहीं है; उदाहरणतया, $n=7$ और $n=9$ होने पर हल संभव नहीं है, क्योंकि अर्ध वृत्त को पटरी और परकार की मदद से 7 तथा 9 समान भागों में नहीं बाँटा जा सकता।

ज्यामिति की विषय-वस्तु

ज्यामिति वस्तुओं के व्योम गुणों का अध्ययन करती है, उनके बाकी सभी लक्षणों पर ध्यान नहीं देती। उदाहरणतया, **25 cm** व्यास वाला रबड़ का गेंद और इसी व्यास वाला लोहे का गोला रंग, कठोरता, भार आदि अनेक गुणों में भिन्न होते हैं; ज्यामिति में इन गुणों पर कोई ध्यान नहीं दिया जाता। दोनों के

व्यौम गुण (माप, आकृति) समान हैं और ज्यामिति की दृष्टि में दोनों ही 25 cm व्यास वाले *गोले* हैं।

चेतना में (मन में) वस्तु को व्यौम गुणों के अतिरिक्त अन्य सभी गुणों से मुक्त कर देने पर **ज्यामितिक पिंड** प्राप्त होता है। गोला भी एक ज्यामितिक पिंड है।

गुण-विमोचन के पथ पर आगे बढ़ते हुए हम धीरे-धीरे ज्यामितिक **सतह**, ज्यामितिक रेखा और ज्यामितिक **बिंदु** की अवधारणाएं प्राप्त करते हैं। सतह को हम मन ही मन पिंड से अलग करते हैं, उसे मोटाई से रहित कर देते हैं। रेखा को हम मोटाई और चौड़ाई से विहीन करते हैं, और बिंदु में तो कोई भी माप या विस्तार नहीं रहने देते। हम कल्पना करते हैं कि बिंदु रेखा की सीमा (या उसका एक अंश) है, रेखा सतह की सीमा है, सतह पिंड की सीमा है। हम यह भी कल्पना करते हैं कि बिंदु गतिमान हो सकता है और अपनी गति से [गति-पथ के रूप में] रेखा को जन्म दे सकता है, रेखा सतह को जन्म दे सकती है, सतह पिंड को जन्म दे सकती है।

प्रकृति में ऐसा बिंदु नहीं है जिसमें कोई माप (या विस्तार) न हो, पर ऐसी वस्तुएं हैं जो अपनी अत्यल्प मापों के कारण कुछ विशेष परिस्थितियों में बिंदु मान ली जा सकती हैं। प्रकृति में ज्यामितिक रेखा और ज्यामतिक सतह भी नहीं मिलती हैं, पर विज्ञान और तकनीक में ज्यामिति द्वारा निर्धारित इनके गुणों के अनेकानेक उपयोग हैं। इसका कारण यह है कि ज्यामितिक अवधारणाएं यथार्थ दुनिया के व्यौम गुणों से उत्पन्न होती हैं। इन गुणों का उनके शुद्ध रूप में अध्ययन करने के लिए ही ज्यामितिक अवधारणाओं का विमोचित रूप प्रयुक्त होता है।

ज्यामिति के विकास का ऐतिहासिक सर्वेक्षण

प्रथम ज्यामितिक अवधारणाएं लोग अति प्राचीन काल से ही प्राप्त कर चुके थे। इनका जन्म बर्तन, कोठार आदि जैसी वस्तुओं का आयतन और खेत का क्षेत्र-फल ज्ञात करने की आवश्यकता से हुआ था। क्षेत्रफल और आयतन निकालने के नियमों का वर्णन जिन लिखित स्मारकों में पाया जाता है, उनमें से प्राचीन-तम स्मारक करीब 4000 वर्ष पूर्व मिश्र और बेबीलोन में रचे गये थे। मिश्र तथा बेबीलोन वालों का ज्यामितिक ज्ञान यूनानियों तक कोई ढाई हजार वर्ष पूर्व पहुँचा था। आरंभ में इस ज्ञान का उपयोग मुख्यतः खेतों को नापने में होता

था। इसलिए यूनानियों ने इसे "ज्योमेत्रिया" नाम दिया, जिसका अर्थ है भूमि (=ज्या) की माप (=मिति)।

यूनान के विद्वानों ने अनेकानेक ज्यामितिक गुणों की खोज की और ज्यामितिक ज्ञान के एक सुडौल तंत्र का निर्माण किया। इसके आधार में उन्होंने अनुभव से प्राप्त सरलतम ज्यामितिक गुणों को रखा। बाकी गुण इन सरलतम गुणों से तर्कणा द्वारा निगमित किये जाते थे।

इस तंत्र ने अपना अंतिम पूर्ण रूप कोई 300 वर्ष ईसा पूर्व यूक्लिड (Euclid) की कृति Stoichéia (शब्दश: 'ककहरा' ≈ 'विषय-प्रवेश', '*प्रवेशिका*', 'क ख'......) में प्राप्त किया। *प्रवेशिकाओं* [इनकी 15 पुस्तिकाएं थीं] में सैद्धांतिक अंकगणित की भी नींव दी गई है। *प्रवेशिकाओं* में ज्यामिति से संबंधित अनुच्छेद अंतर्य और तर्कसंगति के अनुसार लगभग वैसे ही हैं जैसी ज्यामिति पर अब की स्कूली पाठ्यपुस्तकें।

लेकिन उक्त कृति में आयतन, गोले की सतह, परिधि के साथ व्यास के व्यतिमान, आदि के बारे में कुछ भी नहीं कहा गया है (यद्यपि उसमें ऐसा प्रमेय है, जिसके अनुसार वृत्तों के क्षेत्रफल व्यासों के वर्गफलों के साथ समानुपाती होते हैं)। परिधि और व्यास का सन्निकृत मान प्रयोगों द्वारा यूक्लिड के बहुत पहले से ही ज्ञात था, पर सिर्फ ईसा पूर्व तीसरी शती के मध्य में आर्किमेडिस (Archimedes, 287-212 ई० पू०) ने तर्कसंगत रूप से सिद्ध किया कि परिधि और व्यास का व्यतिमान (हमारी संख्या π) $3\frac{1}{7}$ और $3\frac{10}{71}$ के बीच में है। आर्किमेडिस ने यह भी सिद्ध किया कि गोले का आयतन उस पर परीत बेलन के आयतन से ठीक $1\frac{1}{2}$ गुना कम होता है और गोले की सतह का क्षेत्रफल परीत बेलन की सतह के क्षेत्रफल से $1\frac{1}{2}$ गुना कम होता है।

उपरोक्त प्रश्न हल करने में आर्किमेडिस ने जिन विधियों का उपयोग किया था, उनमें उच्च गणित का बीज-रूप देखा जा सकता है। आर्किमेडिस ने इन विधियों का उपयोग ज्यामिति और यांत्रिकी के अनेक कठिन प्रश्नों को हल करने के लिए किया था, जो भवन-निर्माण तथा समुद्र-यात्राओं के लिए बहुत महत्त्वपूर्ण थे। खासकर उन्होंने बहुत सारे पिंडों के आयतन और गुरुत्व-केंद्र निर्धारित किये और भिन्न रूपों के प्लवनशील (तैर सकने वाले) पिंडों के संतुलन की समस्या का अध्ययन किया।

यूनानी ज्यामितकों ने अनेक रेखाओं के गुणों का अन्वीक्षण किया, जो व्यवहार और सिद्धांत की दृष्टि से महत्त्वपूर्ण है। विशेष पूर्णता से उन्होंने *कोनिक काटों* (दे. § 169) का अध्ययन किया। ई० पू० दूसरी शती में अपोलोनियस (Apollonius) ने कोनिक काटों के सिद्धांत को अनेक महत्त्वपूर्ण खोजों से

समृद्ध किया, जो 18 सदियों की अवधि तक अद्वितीय रहीं।

कोनिक काटों के अध्ययन में अपोलोनियस ने दिशांक-विधि (दे. § 213) का उपयोग किया था। तल (समतल) पर सभी संभव रेखाओं का अध्ययन करने के लिए इस विधि का उपयोग 17-वीं शती के चौथे दशक में फ्रांसीसी विद्वान फेर्मा (Fermat, 1601-1655) और डेकार्ट (Descartes, 1596-1650) ने किया। उस समय की इंजिनियरी के लिए समतली रेखाएं ही पर्याप्त थीं। वक्रतलों और इन पर खींची गयी रेखाओं के अध्ययन में दिशांक विधि का उपयोग सिर्फ सौ साल बाद ही शुरू हुआ, ज़ब ज्योतिर्विद्या, भूगणित और यांत्रिकी की आंतरिक मांगें बहुत अधिक हो गयीं।

व्योम में दिशांक-विधि का क्रमबद्ध विकास 1748 में महान ऐलर (Euler) ने प्रस्तुत किया। [जन्म से स्विस, लेयोनार्द ऐलर (1707-83) असाधारण प्रतिभा सम्पन्न विद्वान थे; अपनी 800 से अधिक कृतियों में इन्होंने उच्च गणित, ख-यांत्रिकी, भौतिकी, प्रकाशिकी, पोत-निर्माण, संगीत-सिद्धांत आदि का जो विकास किया, वह इनकी विस्तृत ज्ञान-रुचि को प्रदर्शित करता है। जीवन का अधिकांश भाग इन्होंने पीटरबुर्ग की अकादमी में काम करते हुए बिताया है।]

दो हजार से अधिक वर्षों तक यूक्लिड का तंत्र अकाट्य, अद्वितीय माना जाता रहा। पर 1826 में मेधावी रूसी विद्वान् निकोलाइ इवानोविच लोबाछेव्स्की ने एक नया ज्यामितिक तंत्र रचा। इसकी उद्भावक मान्याएं यूक्लिड की मूल मान्यताओं से सिर्फ एक बात में भिन्न हैं: यूक्लिड की ज्यामिति में प्रत्त समतल के प्रत्त बिंदु से किसी सरल रेखा के समांतर एक, और सिर्फ एक, सरल रेखा गुज़रती है; लोबाछेव्स्की की ज्यामिति में ऐसी अनेक सरल रेखाएं हैं। पर यह एकमात्र भिन्नता अनेक सारभूत विशेषताओं को जन्म देती है।

इस प्रकार, लोबाछेव्स्की की ज्यामिति में त्रिभुज के तीनों कोण मिलकर हमेशा 180° से कम होते हैं (यूक्लिड की ज्यामिति में उनका योगफल ठीक 180° होता है)। त्रिभुज का क्षेत्रफल जितना बड़ा होगा, तीनों कोणों का योगफल 180° से उतना ही कम होगा। ऐसा लग सकता है कि वास्तविक प्रयोग लोबाछेव्स्की के इस जैसे निष्कर्षों का खंडन करते हैं। पर यह सच नहीं है। त्रिभुज के कोणों की प्रत्यक्ष नापें ले कर हम देखते हैं कि उनका योगफल लगभग 180° है। बिल्कुल शुद्ध मान ज्ञात करना मापोपकरणों की अपूर्णता के कारण संभव नहीं होता। इसके अतिरिक्त, हमारी मापों के लिए सुलभ त्रिभुज इतने छोटे होते हैं कि कोणों के योगफल में 180° से जो कमी होती है, उसका प्रत्यक्ष मापों से पता नहीं चल सकता।

लोबाछेव्स्की के विचारों का आगे विकास होने पर यह स्पष्ट हो गया कि

ज्योतिर्विज्ञान और भौतिकी के अनेक प्रश्न ऐसे हैं, जिनके अध्ययन के लिए यूक्लिड का तंत्र पर्याप्त नहीं है : इनमें अक्सर विराट मापों वाली आकृतियों से वास्ता पड़ता है। लेकिन सामान्य अनुभव के क्षेत्र में यूक्लिड की ज्यामिति पर्याप्त कारगर है। इसके अतिरिक्त, यह सरल है और इसलिए इसका उपयोग तकनीकी कलनों में होता है और होता रहेगा; स्कूलों में भी इसीलिए इसका पठन-पाठन होता है और भविष्य में भी होता रहेगा।

प्रमेय, अक्षिम, परिभाषाएं

जिस तर्कणा के सहारे कोई गुण स्थापित किया जाता, उसे **प्रमाण** कहते हैं। प्रमाणित किये जाने वाले गुण को **प्रमेय** कहते हैं। ज्यामितिक गुणों को प्रमाणित करने के लिए हम पहले से स्थापित गुणों का सहारा लेते हैं। इनमें से कई गुण स्वयं प्रमेय होते हैं; कुछ को ज्यामिति में मूल गुण मान लेते हैं और बिना किसी प्रमाण के अंगीकार कर लेते हैं। बिना प्रमाण के अपनाये गये गुण **अक्षिम** कहलाते हैं।

अक्षिम व्यावहारिक अनुभव द्वारा ज्ञात गुण हैं और अक्षिमों की सत्यता की जाँच, इनकी समग्रता में, अनुभव ही करता है। जाँच यह है कि ज्यामिति के सभी प्रमेय प्रयोग में सच्चे उतरते हैं; यदि अक्षिम झूठे होते तो ऐसा नहीं होता।

अकेला कोई भी ज्यामितिक गुण अक्षिम नहीं हो सकता, क्योंकि उसे हमेशा ही अन्य गुणों की सहायता से सिद्ध किया जा सकता है। यथा, ज्यामिति में समांतर रेखाओं के निम्न गुण को अक्सर अक्षिम मानते हैं: "एक बिंदु से एक सरल रेखा के समांतर दो भिन्न सरल रेखाएं नहीं खींची जा सकती हैं" (समांतर रेखाओं का अक्षिम)। इस अक्षिम की सहायता से (कई अन्य अक्षिमों के साथ) त्रिभुज का निम्न गुण प्रमाणित किया जाता है : "त्रिभुज के कोणों का योगफल 180° के बराबर है"। ऐसा भी किया जा सकता है कि इस गुण को समांतर रेखाओं का अक्षिम मान लिया जाये (और अन्य अक्षिम पहले की तरह ही रहने दिये जायें)। तब समांतर रेखाओं का उपरोक्त गुण प्रमेय हो जायेगा, उसे प्रमाणित किया जा सकेगा।

इस प्रकार, अक्षिमों का तंत्र कई भिन्न विधियों से चुना जा सकता है। सिर्फ एक बात की आवश्यकता होती है—अक्षिमों के रूप में अपनाये गये गुण बाकी सभी ज्यामितिक गुण निगमित करने के लिए पर्याप्त हों। ज्यामिति में अक्षिमों की संख्या यथासंभव कम करने की प्रवृत्ति रहती है। यह इसलिए कि अलग-अलग गुणों के पारस्परिक तार्किक संबंध स्पष्ट हो सकें।

अक्षिम अधिकांशतः सरलतम ज्यामितिक गुणों में से चुने जाते हैं, लेकिन कौन-सा गुण सरल है और कौन जटिल है, इस पर लोगों की रायें एक नहीं हो सकतीं।

ज्यामिति में कुछ अवधारणाएं आद्य मानी जाती हैं, जिनका अंतर्य सिर्फ अनुभव से स्पष्ट किया जा सकता है (जैसे *बिंदु* की अवधारणा)। इन आद्य अवधारणाओं के जरिये बाकी सभी अवधारणाओं की व्याख्या की जाती है; ऐसी व्याख्या को **परिभाषा** कहते हैं। हर ज्यामितिक परिभाषा या तो आद्य अवधारणाओं पर आधारित होती है, या पहले से परिभाषित अवधारणाओं पर।

एक ही ज्यामितिक अवधारणा को कई तरह से परिभाषित किया जा सकता है। उदाहरणार्थ वृत्त के व्यास को केंद्र से गुजरने वाला चापकर्ण भी कह सकते हैं और सबसे बड़ा चापकर्ण भी कह सकते हैं। इनमें से किसी गुण को परिभाषा मानकर दूसरे गुण को प्रमाणित किया जा सकता है। परिभाषा के लिए भी सरलतम गुण को ही चुनना बेहतर होता है, पर यहाँ भी सर्वसम्मति प्राप्त करना कठिन है।

सरल रेखा, किरण, कर्त

सरल रेखा को मन ही मन दोनों ओर असीम बढ़ा सकते हैं। सरल रेखा का ऐसा खंड, जो एक ओर से सीमित हो और दूसरी ओर से असीम हो, **अर्ध रेखा** या **किरण** कहलाता है। दोनों ओर से सीमित रेखा-खंड को **कर्त** कहते हैं।

कोण

एक ही बिंदु O से निकलनें वाली दो किरणों OA और OB से बनी आकृति को **कोण** कहते हैं (चित्र 59)। बिंदु O कोण का **शीर्ष** है और OA, OB उसकी भुजाएं।

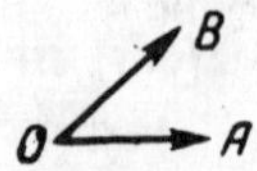

चित्र 59

कोण की माप बिंदु O के गिर्द घूर्णन की राशि है, जो किरण OA को OB की स्थिति में ला देता है। कोण मापने की दो प्रणालियां अत्यधिक प्रचलित हैं : रेडियन और डिग्री। दोनों में अंतर इकाई के चयन का है। रेडियन में माप के बारे में देखें § 182।

डिग्री में कोणों की माप.* इस इकाई-प्रणाली में किरण द्वारा एक पूर्ण चक्कर लगाने से बने कोण का 1/360 अंश इकाई के रूप में प्रयुक्त होता है, जिसे **डिग्री** कहते हैं (और ° से द्योतित करते हैं)। इस प्रकार, एक पूर्ण चक्कर में (उदाहरणार्थ, घंटे की सूई द्वारा 0 से 12 बजे तक की गति में) 360° होती हैं। हर डिग्री 60 **मिनटों** में बँटी होती है (द्योतन ′); मिनट 60 **सेकेंडों** में बंटा होता है (द्योतन ″)। आलेख 42° 33′ 21″ का अर्थ है 42 डिग्री, 33 मिनट, 21 सेकेंड।

90° का कोण (अर्थात् 1/4 चक्कर) एक **समकोण** या **ऋजकोण** कहलाता है (चित्र 60)। इसे d से द्योतित करते हैं।

चित्र 60

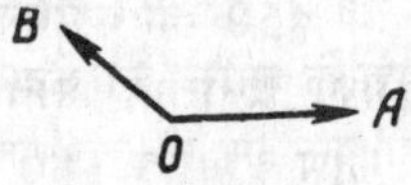

चित्र 61

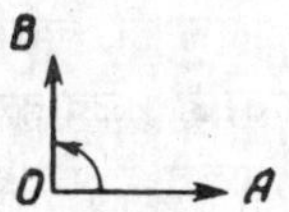

चित्र 62

90° से कम का कोण **न्यून कोण** कहलाता है (चित्र 59 में $\angle AOB$); 90° से अधिक का कोण **अधिक कोण** कहलाता है (चित्र 61)। समकोण बनाने वाली सरल रेखाएं **परस्पर लंब** कहलाती हैं। [परंपरागत नामों 'न्यून' और 'अधिक' की जगह हम लोग क्रमशः '**तीछ**' और '**कुंद**' का भी प्रयोग करेंगे।]

कोण का चिह्न. अक्सर यह दिखाना आवश्यक होता है कि किरण का घूर्णन किस दिशा में हो रहा है। सामान्यतया कोण की माप को **धनात्मक** मानते हैं—यदि घूर्णन घड़ी की सूई की दिशा में होता है। विपरीत दिशा में घूर्णन से **ऋणात्मक कोण** मिलता है। उदाहरणतया, यदि किरण OA चित्र 62 की

* डिग्री में कोण नापने की प्रणाली अति प्राचीन काल में ही अपना ली गयी थी (दे. § 22 प्रसंग 4)। प्रथम फ्रांसीसी बुर्जुवा क्रांति (1793) के समय फ्रांस में इकाइयों की दशमलव (मेट्रिक) प्रणाली के साथ-साथ कोण नापने की शतमलव प्रणाली भी अपनायी गयी; इसमें समकोण को 100 डिग्री में बांटते हैं, डिग्री को 100 मिनट में, मिनट को 100 सेकेंड में। यह प्रणाली अब भी प्रयुक्त होती है, पर सर्वत्र नहीं। अधिकांशतः इसका प्रयोग ज्यादेजिक मापों में होता है। (ज्यादेजी पृथ्वी के रूप और आकार का अध्ययन करती है, नक्शे में उतारने के लिए धरातल की विभिन्न मापें लेती हैं; इसे भूगणित भी कहते हैं।)

भाँति OB की जगह ले लेती है, तो $\angle AOB = +90°$ मिलता है। चित्र 63 में $\angle AOB = -90°$ है। चित्र 64 में $\angle AOB = -270°$ है। कोण बनाने वाली किरणों की समान पारस्परिक स्थिति कोणों की भिन्न मापों के

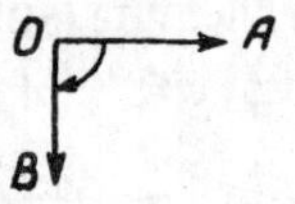

चित्र 63

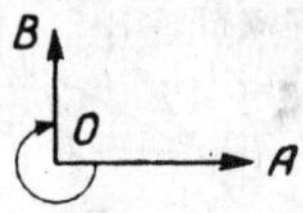

चित्र 64

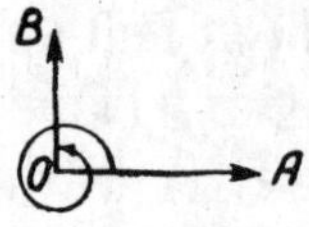

चित्र 65

अनुरूप हो सकती है; यह बात घूर्णन की प्रकृति पर निर्भर करती है। यथा, चित्र 65 में $\angle AOB$ को $+450°$ के बराबर मान सकते हैं। आरंभिक ज्यामिति में कोण की माप हमेशा धनात्मक मानी जाती है और वह लघुतम घूर्णन को व्यक्त करती है, अतः कोण की माप $180°$ से अधिक नहीं हो सकती।

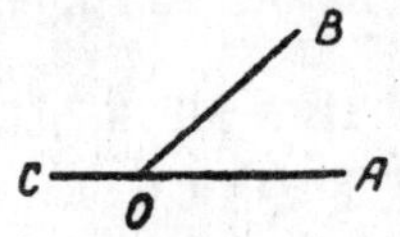

चित्र 66

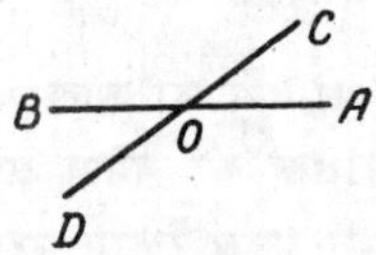

चित्र 67

आसन्न कोण. (चित्र 66) कोण AOB और COB के जोड़े को कहते हैं, जिनके शीर्ष O और भुजा OB दोनों के लिए सामूहिक हैं; अन्य दो भुजाएं OA और OC एक-दूसरे के बढ़ाए हुए भाग हैं। *आसन्न कोणों का योगफल $180°$ $(2d)$ होता है।* चित्र 70 में $\angle AON$ और $\angle NOB$ परस्पर **संलग्न** कोण हैं, क्योंकि इनका शीर्ष और भुजा ON दोनों के लिए सामूहिक है (अन्य भुजाएं सामूहिक भुजा के अगल-बगल हैं)। आसन्न कोण संलग्न कोणों के ही एक विशिष्ट रूप हैं।

सम्मुख कोण. कोणों के ऐसे जोड़े को कहते हैं, जिनका शीर्ष सामूहिक होता है और प्रत्येक की भुजाओं को शीर्ष के पीछे बढ़ाने पर दूसरे की भुजाएं प्राप्त होती हैं। चित्र 67 में $\angle AOC$ और $\angle DOB$ सम्मुख कोण हैं, क्योंकि शीर्ष O सामूहिक है, AO और CO को पीछे बढ़ाने पर OD और OB, अर्थात् $\angle DOB$ की भुजाएं मिलती हैं (और विलोम)। $\angle AOD$ और $\angle COB$ भी सम्मुख कोण हैं। *सम्मुख कोण परस्पर बराबर होते हैं :* $\angle AOC = \angle BOD$; $\angle AOD = \angle COB$; ये कोण AB और CD द्वारा एक-दूसरे को काटने से बनते हैं।

अक्सर कहते हैं : **"दो सरल रेखाओं के बीच का कोण"**; तात्पर्य होता है उनसे बने हुए चार कोणों में से एक (बहुधा न्यून) कोण।

कोण का अर्धक उसे दो बराबर भागों में बाँटने वाली किरण को कहते हैं (चित्र 68)। *सम्मुख कोणों के अर्धक* (चित्र 69 में OM और ON) एक

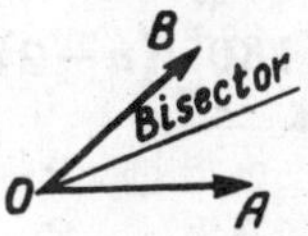

चित्र 68

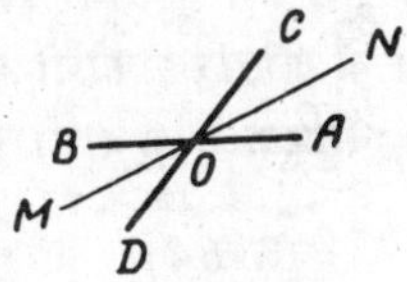

चित्र 69

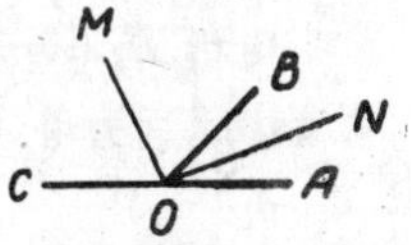

चित्र 70

दूसरे के बढ़ाए हुए भाग होते हैं [अर्थात् एक ही सरल रेखा पर स्थित होते हैं]। *आसन्न कोणों के अर्धक परस्पर लंब होते हैं* (चित्र 70 में ON तथा OM)।

बहुभुज

सरलरेखीय कर्तों की संवृत कतार से बनी समतली आकृति **बहुभुज** कहलाती है [संवृत कतार के सिरे एक बिंदु पर मिलते हैं]। चित्र 71 में एक बहुभुज $ABCDEF$ दिखाया गया है। बिंदु A, B, C, D, E, F बहुभुज के **शीर्ष** हैं; उन पर बने कोण (बहुभुज के **कोण**) $\angle A, \angle B, \angle C, \ldots, \angle F$ से द्योतित होते हैं। कर्त AC, AD, BE आदि **कर्ण** हैं; AB, BC, CD आदि बहुभुज की **भुजाएं** हैं। भुजाओं के योगफल $AB+BC+CD+\ldots+FA$ को **परिमिति** कहते हैं और p द्वारा द्योतित करते हैं। कभी-कभी $2p$ से भी द्योतित करते हैं (तब p=अर्ध परिमिति)।

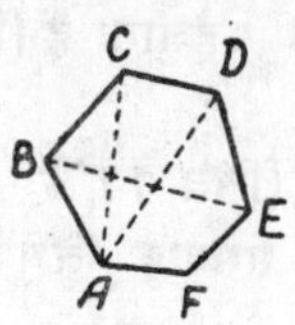

चित्र 71

चित्र 72

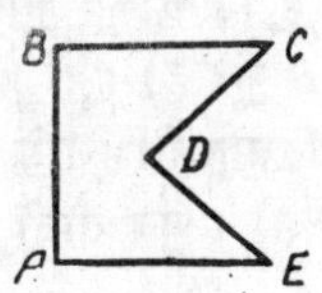

चित्र 73

सरल ज्यामिति में सिर्फ सरल बहुभुजों पर ही विचार किया जाता है; ये ऐसे बहुभुज हैं, जिनकी भुजाएं एक-दूसरे को नहीं काटतीं। बहुभुज, जिसकी भुजाएं एक-दूसरे को काटती हैं, **ताराकार बहुभुज** कहलाता है। चित्र 72 में

एक ताराकार बहुभुज $ABCDE$ दिखाया गया है।

यदि बहुभुज के सभी कर्ण पूर्णतया उसके भीतर स्थित होते हैं, तो बहुभुज को **उत्तल** कहते हैं। चित्र 71 का षट्भुज उत्तल है; चित्र 73 का पंचभुज अनुत्तल (अवतल) है (इसके कुछ कर्ण पूर्णतया इसके भीतर नहीं हैं)।

*किसी भी उत्तल बहुभुज के आंतरिक कोणों का योगफल $180°(n-2)$ के बराबर होता है, जहां n=बहुभुज में भुजाओं की संख्या।**

त्रिभुज

त्रिभुज तीन भुजाओं वाला बहुभुज है; इसे △ (अनेक होने पर : △s) से द्योतित करते हैं। त्रिभुज की भुजा सामने का शीर्ष द्योतित करने वाले वर्ण के छोटे रूप से द्योतित की जाती है। यदि तीनों कोण न्यून हैं, तो त्रिभुज **तीक्ष्णकोणिक** कहलाता है (चित्र 74)। यदि एक कोण ऋजु कोण है, तो **समकोण (ऋजकोणिक)** त्रिभुज मिलता है (चित्र 75); समकोण बनाने वाली भुजाओं

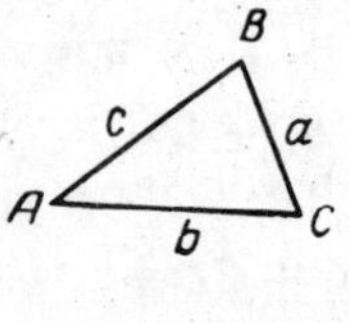

चित्र 74

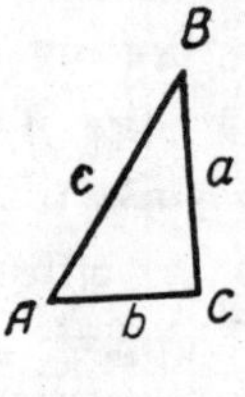

चित्र 75

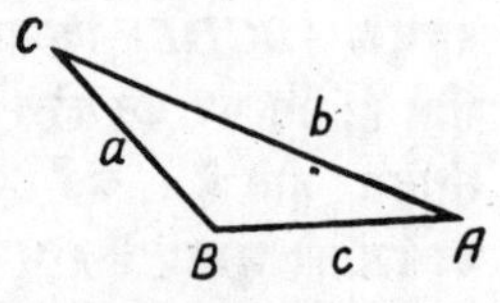

चित्र 76

को **संलंब** कहते हैं (ये c और b हैं); समकोण के सामने की भुजा **कर्ण** (a) कहलाती है। एक कुंद कोण वाला त्रिभुज **कुंदकोणिक** कहलाता है (चित्र 76 में कोण B कुंद है)।

समद्विबाहु त्रिभुज में दो भुजाएं बराबर होती हैं (चित्र 77 के △ABC में $b=c$ है)। जब तीनों भुजाएं बराबर होती हैं, तो **समबाहु** त्रिभुज प्राप्त

* ज्यामिति की पाठ्यपुस्तक में इसे अक्सर सिर्फ उत्तल बहुभुजों का गुण मानते हैं, पर यह गुण सभी सरल बहुभुजों में होता है। बात यह है कि अनुत्तल बहुभुज में एक या कई आंतरिक कोण 180° से बड़े होते हैं। यथा, चित्र 73 के अनुत्तल बहुभुज में दो समकोण हैं, दो कोण (अलग-अलग) 45° के बराबर हैं और एक कोण 270° के बराबर है। कोणों का योगफल $180°(5-2)=540°$ है।

होता है (चित्र 78 में $a=b=c$ है)। समद्विबाहु त्रिभुज की बराबर भुजाओं में से प्रत्येक को **पार्श्व** कहते हैं, तीसरी भुजा को **आधार** कहते हैं।

त्रिभुज में तुल्य भुजाओं के सामने तुल्य कोण होते हैं (और विलोम)। विशेष स्थितिः समबाहु त्रिभुज तुल्यकोणिक त्रिभुज होता है (और विलोम)।

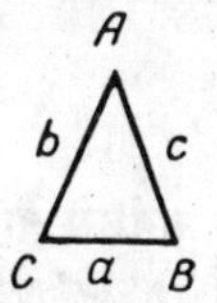

चित्र 77

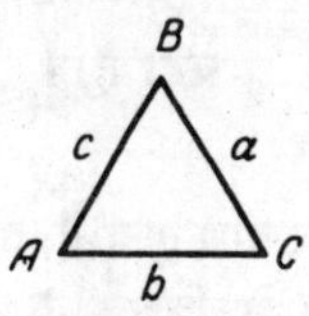

चित्र 78

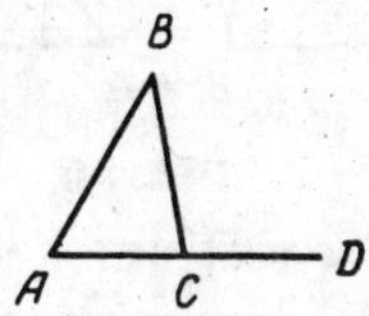

चित्र 79

त्रिभुज में बड़ी भुजा के सामने बड़ा कोण और छोटी भुजा के सामने छोटा कोण होता है (और विलोम)।

त्रिभुज के तीनों कोण मिलकर $180°$ *के बराबर होते हैं;* समबाहु त्रिभुज का प्रत्येक कोण $60°$ होता है।

त्रिभुज की एक भुजा (चित्र 79 में AC) बढ़ाने पर **वाह्य कोण** $\angle BCD$ मिलता है। *वाह्य कोण अनासन्न आंतरिक कोणों के योगफल के बराबर होता है :* $\angle BCD=\angle A+\angle B$।

त्रिभुज की कोई भी भुजा बाकी दो के योग से छोटी होती है और बाकी दो के अंतर से बड़ी होती है : $a<b+c$; $a>b-c$.

त्रिभुज का क्षेत्रफल *आधे आधार में ऊँचाई से गुणा* के बराबर है (ऊँचाई के बारे में देखें § 148) : $S=\frac{1}{2}\, a\, h_a$.

§ 147. त्रिभुजों की सर्वसमता के लक्षण

दो त्रिभुज सर्वसम (हर तरह से बराबर) हैं, यदि उनके निम्न तत्त्व आपस में बराबर हैं (चित्र 80) :

(1) दो भुजाएं और उनके बीच का कोण (जैसे $AB=A'B'$, $AC=A'C'$, $\angle A=\angle A'$);

(2) एक भुजा और उस पर बने कोण; उदाहरणार्थ, $AC=A'C'$, $\angle A=\angle A'$, $\angle C=\angle C'$;

(2a) दो कोण और किसी एक के सामने की भुजा, जैसे $A=\angle A'$, $\angle B=\angle B'$, $AC=A'C'$;

(3) तीनों भुजाएं : $AB=A'B'$, $BC=B'C'$, $AC=A'C'$;

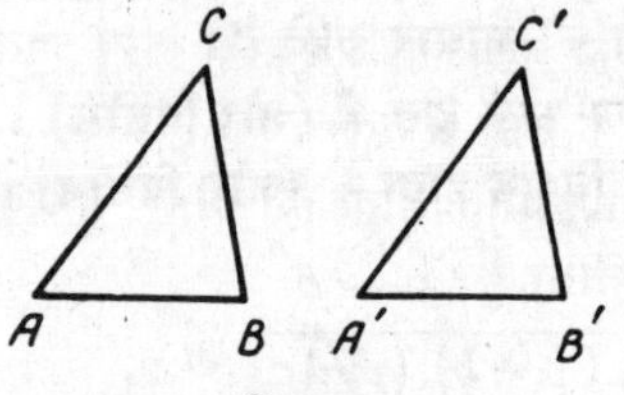

चित्र 80

(4) दो भुजाएं और इनमें से बड़ी के सामने का कोण; उदाहरणार्थ, $AB=A'B'$, $BC=B'C'$, $\angle A=\angle A'$ (चित्र 80 में AB और BC में से BC बड़ा है)।

यदि छोटी भुजा के सामने के कोण तुल्य हैं, तो त्रिभुज सर्वसम नहीं भी हो सकते हैं। उदाहरणार्थ, चित्र 81 के त्रिभुज LMN तथा $L'M'N'$ सर्वसम नहीं हैं, यद्यपि $LM=L'M'$, $LN=L'N'$ और $\angle M=\angle M'$ है।

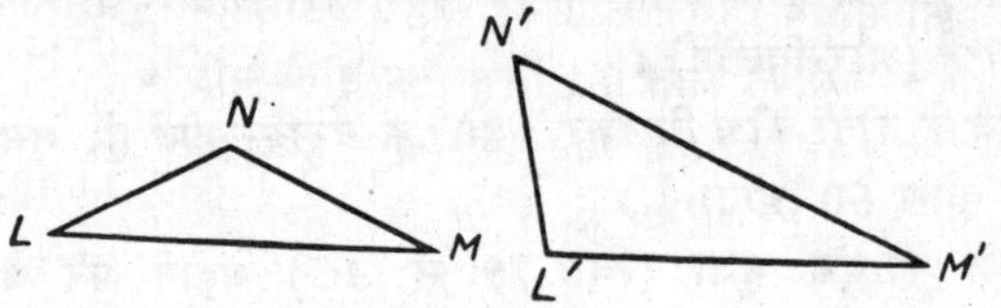

चित्र 81

यहां कोण M व M' छोटी भुजा LN व $L'N'$ के सामने हैं।

त्रिभुज में विशिष्ट रेखाएं और बिंदु

त्रिभुज के किसी शीर्ष से सामने की भुजा (या उसके बढ़ाये हुए भाग) पर लंब, त्रिभुज की ऊँचाई कहलाता है। जिस भुजा पर लंब डाला जाता है, उसे

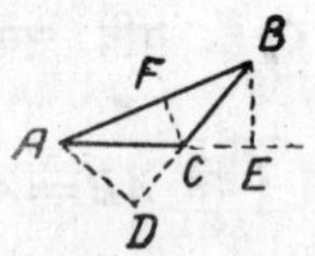

चित्र 82

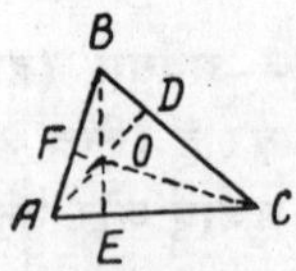

चित्र 83

त्रिभुज का आधार कहते हैं। चित्र 82 के $\triangle ABC$ में दो ऊँचाइयों (AD, BE) के पाद भुजाओं के बढ़े हुए भाग पर हैं। ये ऊँचाइयां त्रिभुज के बाहर हैं, तीसरी उँचाई (CF) त्रिभुज के भीतर है।

समकोण त्रिभुज की दो ऊँचाइयां उसके संलंब हैं।

त्रिभुज की तीनों ऊँचाइयां एक-दूसरे को हमेशा एक बिंदु पर काटती हैं, जिसे **ऋजकेंद्र** कहते हैं। कुंदकोणिक त्रिभुज का ऋजकेंद्र त्रिभुज के बाहर होता है; समकोण त्रिभुज में वह समकोण के शीर्ष के साथ संपात करता है।

भुजा a पर खींची गयी ऊँचाई h_a द्वारा द्योतित होती है। तीनों भुजाओं के जरिए इसे निम्न सूत्र द्वारा व्यक्त किया जाता है :

$$h_a=\frac{2\sqrt{p(p-a)(p-b)(p-c)}}{a},$$

जहाँ

$$p=\frac{a+b+c}{2}$$

त्रिभुज की **मधिम** त्रिभुज के किसी शीर्ष से सामने की भुजा के मध्य बिंदु को मिलाने वाले कर्त को कहते हैं। *त्रिभुज के तीनों मधिम* (चित्र 84 में AD, BE, CF) *एक दूसरे को एक बिंदु पर* (और हमेशा ही त्रिभुज के भीतर) *काटते हैं। यह बिंदु हर मधिम को* 2 : 1 *के अनुपात में बांटता है* (शीर्ष की ओर से)।

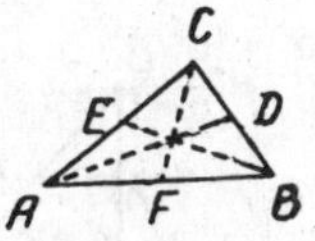

चित्र 84

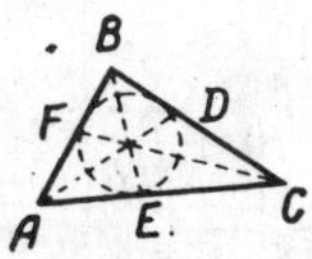

चित्र 85

त्रिभुज के शीर्ष A और भुजा a के मध्य बिंदु को मिलाने वाला मधिम m_a द्वारा द्योतित होता है। त्रिभुज की भुजाओं के जरिए इसे निम्न विधि से व्यक्त करते हैं :

$$m_a=\tfrac{1}{2}\sqrt{2b^2+2c^2-a^2}.$$

त्रिभुज के किसी कोण की अर्धक रेखा का उस कोण के शीर्ष और सामने की भुजा के साथ कटान-बिंदु तक का कर्त **अर्धक** कहलाता है। *त्रिभुज के तीनों अर्धक* (चित्र 85 में AD, BE, CF) *एक दूसरे को हमेशा एक बिंदु पर* (और हमेशा त्रिभुज के भीतर) *काटते हैं। यह त्रिभुज में अंतरित वृत्त का* **केंद्र होता है** (दे. § 158)। कोण A का अर्धक β_a से द्योतित करते हैं। त्रिभुज की भुजाओं से इसे निम्न विधि से व्यक्त करते हैं :

$$\beta_a = \frac{2}{b+c}\sqrt{bcp\,(p-a)},$$

जहाँ p =अर्धपरिमिति।

अर्धक सामने की भुजा को उससे संलग्न भुजाओं के समानुपात में बाँटता है। चित्र 85 में $AE : EC = AB : BC$.

उदाहरण. $AB=30$ cm, $BC=40$ cm, $AC=49$ cm है। AE और CE ज्ञात करें। $AC=49$ cm को जिन दो भागों में बाँटना है, उनका अनुपात 30 : 40 या 3 : 4 है। x को पैमाने की इकाई मानकर कर्तं $AE=3x$ और $EC=4x$ खींचते हैं। $AC=3x+4x=7x$, $x=AC : 7=49 : 7=7$, जिससे $AE=3x=21$; $EC=4x=28$।

त्रिभुज में तीनों भुजाओं के मध्य बिंदुओं पर खींचे गए लंब एक दूसरे को एक बिंदु पर काटते हैं, जो त्रिभुज के परीत वृत्त का केंद्र होता है। (चित्र 86, 87, 88 में भुजाओं के मध्य बिंदु D, E, F हैं। कुंदकोणिक त्रिभुज में यह बिंदु त्रिभुज के बाहर होता है (चित्र 86), तीछकोणिक त्रिभुज में यह भीतर होता है (चित्र 87), समकोण त्रिभुज में यह कर्ण पर होता है (चित्र 88)।

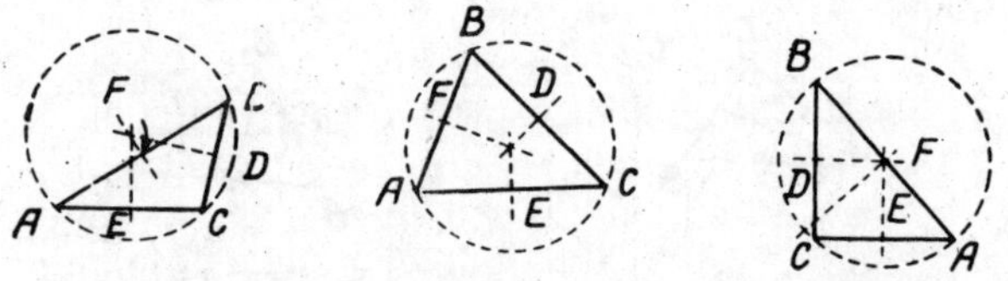

चित्र 86 चित्र 87 चित्र 88

समद्विबाहु त्रिभुज के आधार पर खींचे गये ऊँचाई, मधिम, अर्धक, और आधार* के मध्य बिंदु पर खींचा गया लंब—सभी संपात करते हैं। समबाहु त्रिभुज में यह बात किसी भी भुजा के साथ लागू होती है।

ऋजकेंद्र, गुरुत्व केंद्र, परीत और अंतरित वृत्तों के केंद्र सिर्फ समबाहु त्रिभुज में संपात करते हैं।

---

* समद्विबाहु त्रिभुज में आधार हमेशा उस भुजा को कहते हैं, जो अन्य दोनों के बराबर नहीं हो।

ऋजकोणिक प्रक्षेप. त्रिभुज की भुजाओं के बीच संबंध

सरल रेखा पर किसी बिंदु का **ऋजकोणिक प्रक्षेप** (या सिर्फ **प्रक्षेप**) बिंदु से उस सरल रेखा तक खींचें गये लंब का आधार-बिंदु कहलाता है। चित्र 89 में सरल रेखा MN पर बिंदु A, B, C, D के प्रक्षेप बिंदु a, b, c, d हैं।

सरल रेखा MN पर कर्त AB का **प्रक्षेप** कर्त ab है, जो बिंदु A, B के प्रक्षेपों a, b से घिरा हुआ है। कर्त bc कर्त BC का प्रक्षेप है, आदि। द्योतन : $ab = \text{pr}_{MN} AB$, या संक्षेप में $ab = \text{pr}AB$।

टूटी रेखा की 'कड़ियों' के प्रक्षेपों का योग टूटी रेखा के सिरों को मिलाने वाले कर्त के प्रक्षेप के बराबर होता है। चित्र 89 में $\text{pr}\,AD = \text{pr}\,AB + \text{pr}\,BC + \text{pr}\,CD$ है। इस नियम को सार्व रूप देने के लिए कर्त के प्रक्षेप को *बीजगणितीय राशि मानना होगा;* कर्त AB के प्रक्षेप ab को धनात्मक मानते हैं, यदि बिंदु b बिंदु a से दायें हैं; यदि b बायें है (a से) तो प्रक्षेप ऋणात्मक माना जाता है। यथा, चित्र 90 में $\text{pr}\,AB = ab$ ऋणात्मक है; $\text{pr}\,BC = bc$, $\text{pr}\,CD = cd$, $\text{pr}\,DE = de$ धनात्मक हैं; $\text{pr}\,EF = ef$ ऋणात्मक है, इसीलिए टूटी रेखा (या बहुकोणिक रेखा) $ABCDEF$ की

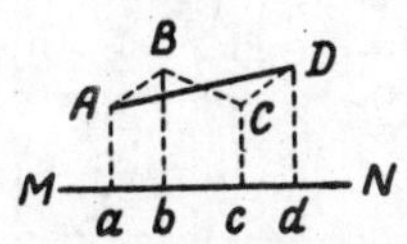

चित्र 89

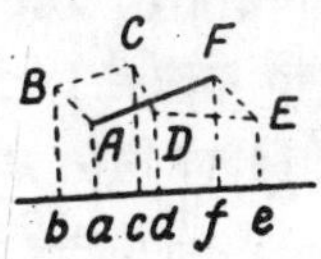

चित्र 90

कड़ियों (या इसके खंडों) के प्रक्षेपों का बीजगणितीय योग कर्त bc, cd, de को जोड़कर उससे ab और ef का योगफल घटाने से प्राप्त होता है। प्राप्त राशि af के बराबर है, जो टूटी रेखा के सिरों को मिलाने वाले कर्त AF का प्रक्षेप है।

त्रिभुज की भुजा का वर्ग बराबर अन्य दो भुजाओं के वर्गों का योग घटाव इनमें से एक भुजा और इस पर दूसरी के प्रक्षेप के गुणनफल का दुगुना होता है (चित्र 91 और 92) :

$$a^2 = b^2 + c^2 - 2b \; \text{pr}_{AC}AB \tag{1}$$

यदि x से प्रक्षेप की लंबाई (धन संख्या) द्योतित की जाये, तो चित्र 91 में (जहाँ $\text{pr}_{AC}AB = x$, क्योंकि $\angle A =$ तीछकोण) :

$$a^2 = b^2 + c^2 - 2bx, \tag{2}$$

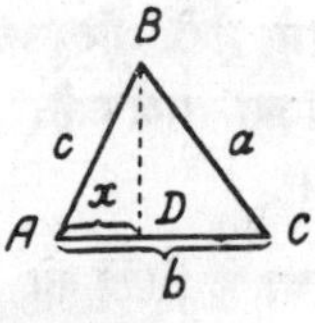

चित्र 91

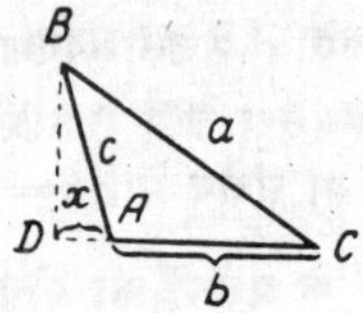

चित्र 92

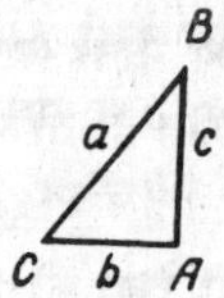

चित्र 93

और चित्र 92 में (जहाँ $\text{pr}_{AC}AB = -x$, क्योंकि $\angle A =$ कुंदकोण):

$$a^2 = b^2 + c^2 + 2bx \tag{3}$$

यदि कोण C ऋज कोण है (चित्र 93), तो $\text{pr}_{AC}CB = 0$, और

$$c^2 = a^2 + b^2, \tag{4}$$

अर्थात् कर्ण का वर्ग बराबर संलंबों के वर्गों का योग है (तथाकथित **पिथागोरस प्रमेय***) । पिथागोरस प्रमेय अनेकानेक व्यावहारिक व सैद्धांतिक समस्याओं के हल में प्रयुक्त होता है ।

सूत्र (1) को निम्न रूप में भी लिखा जाता है :

$$a^2 = b^2 + c^2 - 2bc \cos A$$

(दे. § 201) ।

§ 150. समांतर रेखाएं

दो सरल रेखाएं AB और CD (चित्र 94) **समांतर रेखाएं** कहलाती हैं, यदि वे एक ही समतल पर स्थित हैं और उन्हें कितना भी क्यों न बढ़ाया

---

* इस प्रमेय की स्थापना का श्रेय ग्रीक दार्शनिक पिथागोरस (6-5 शती ई० पू०) को दिया जाता है, पर वास्तव में यह प्रमेय प्राचीन पूर्व के देशों में कोई 2000 वर्ष ई० पू० से ही ज्ञात था ।

जाये , वे एक-दूसरे को काटती नहीं है। प्रतीक: $AB \parallel CD$.

सरल रेखा AB के समांतर सभी रेखाएं आपस में भी समांतर हैं।

यह माना जाता है कि दो समांतर रेखाएं शून्य के बराबर कोण बनाती हैं (प्रत्यक्ष अर्थ में यहां कोई कोण नहीं बनता)।

यदि दो किरणें अलग-अलग समांतर रेखाओं पर स्थित हैं, तो उनके बीच का कोण शून्य माना जाता है, यदि उनकी दिशाएं समान हैं। यदि उनकी दिशाएं विपरीत हैं, तो उनके बीच का कोण 180° के बराबर माना जाता है।

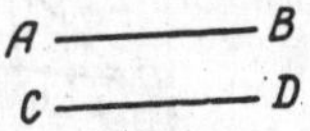

चित्र 94

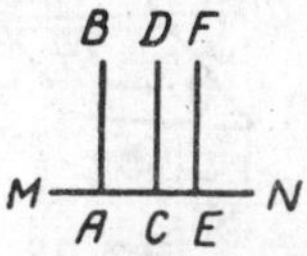

चित्र 95

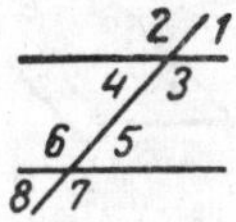

चित्र 96

किसी सरल रेखा MN के साथ लंब बमाने वाली सभी सरल रेखाएं (चित्र 95 में AB, CD, EF) आपस में समांतर होती हैं। विलोम, समांतर रेखाओं में से किसी एक पर लंब, सरल रेखा MN, बाकी सभी रेखाओं पर लंब होती है। दो समांतर रेखाओं में से एक के सभी लंब दूसरी पर भी लंब होते हैं। इन लंब रेखाओं के वे खंड, जो दोनों समांतर रेखाओं से घिरे होते हैं, आपस में बराबर होते हैं। इनकी लंबाई समांतर रेखाओं के बीच की दूरी कहलाती है।

जब दो समांतर रेखाओं को कोई तीसरी रेखा काटती है, तो आठ कोण बनते हैं (चित्र 96); इनसे कई जोड़े बनते हैं, जिनके नाम निम्न हैं :

(1) **सानुरूप कोण** (*1* व *5*, *2* व *6*, *3* व *7*, *4* व *8*); प्रत्येक जोड़े में बराबर मान वाले कोण हैं ($\angle 1=\angle 5$, $\angle 2=\angle 6$, $\angle 3=\angle 7$, $\angle 4=\angle 8$);

(2) **आंतरिक एकांतर कोण** (*4* व *5*, *3* व *6*); प्रत्येक जोड़े में बराबर कोण हैं।

(3) **बाह्य एकांतर कोण** (*1* व *8*, *2* व *7*); प्रत्येक जोड़े में बराबर कोण हैं;

(4) **एकतरफी आंतरिक कोण** (*3* व *5*, *4* व *6*); प्रत्येक जोड़े में स्थित कोणों का योगफल 180° के बराबर होता है ($\angle 3+\angle 5=180^\circ$, ($\angle 4+\angle 6=180^\circ$);

(5) **एकतरफी वाह्‌य कोण** (*1* व *7*, *2* व *8*); प्रत्येक जोड़े में स्थित कोणों का योग $180°$ है

($\angle 1 + \angle 7 = 180°$, $\angle 2 + \angle 8 = 180°$) ।*

दो कोण, जिनकी भुजाएं अलग-अलग समांतर हैं, या तो बराबर होते हैं या मिलकर $180°$ बनाते हैं। उदाहरणतया, चित्र 97 में $\angle 1 = \angle 2$ है और चित्र 98 में $\angle 3 + \angle 4 = 180°$ है।

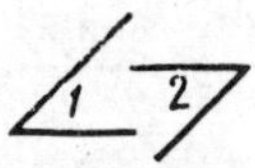

चित्र 97

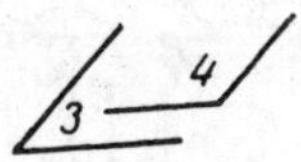

चित्र 98

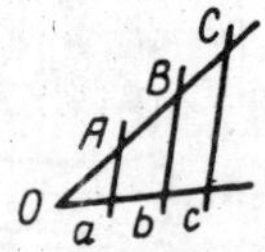

चित्र 99

दो कोण, जिनकी भुजाएं अलग-अलग परस्पर लंब हैं, ऊपर की तरह ही या तो बराबर होते हैं या मिल कर $180°$ बनाते हैं।

जब किसी कोण की भुजाओं को समांतर रेखाएं काटती हैं (चित्र 99), कोण की भुजाओं पर समानुपाती खंड बनते हैं :

$$\frac{OA}{Oa} = \frac{OB}{Ob} = \frac{OC}{Oc} = \frac{AB}{ab} = \frac{BC}{bc} = \frac{AC}{ac}$$ आदि।

समांतर चतुर्भुज और त्रापेस

समांतर चतुर्भुज (चित्र 100 में *ABCD*) की आमने-सामने की भुजाएं आपस में समांतर होती हैं। इसमें आमने-सामने की भुजाएं परस्पर बराबर भी होती हैं : $AB = CD$, $AD = BC$ । आमने-सामने की भुजाओं में से किसी को भी **आधार** माना जा सकता है; इनके बीच की लांबिक दूरी **ऊँचाई** (*BF*) कहलाती है। समांतर चतुर्भुज के कर्ण कटान-बिंदु द्वारा एक दूसरे को समद्विभाजित करते हैं ($AO = OC$, $BO = OD$)। समांतर चतुर्भुज में आमने-सामने के कोण परस्पर बराबर होते हैं ($\angle A = \angle C$, $\angle B = \angle D$)।

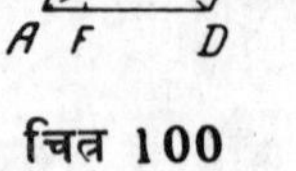

चित्र 100

* जब दो असमांतर रेखाओं को कोई तीसरी रेखा काटती है, तो इससे बनने वाले कोणों के नाम यही रहते हैं, पर कोणों के आपसी संबंध दूसरे होते हैं।

समांतर चतुर्भुज के कर्णों के वर्गों का योग उसकी चारों भुजाओं के वर्गों के योग के बराबर होता है :

$$AC^2+BD^2=AB^2+BC^2+CD^2+AD^2=2(AB^2+BC^2)$$

समांतर चतुर्भुज का क्षेत्रफल उसके आधार (a) और ऊँचाई (h_a) के गुणनफल के बराबर होता है :

$$S=ah_a$$

समांतर चतुर्भुज के लक्षण. चतुर्भुज $ABCD$ समांतर चतुर्भुज होता है, यदि निम्न में से कोई एक शर्त पूरी हो जाती है :

(1) सभी आमने-सामने की भुजाएं आपस में अलग-अलग बराबर हैं ($AB=CD$, $BC=DA$);

(2) दो आमने-सामने की भुजाएं बराबर और समांतर हैं ($AB=CD$; $AB \parallel CD$);

(3) कर्ण एक-दूसरे को आधा करते हैं;

(4) आमने-सामने के कोण अलग-अलग जोड़ियों में बराबर हैं ($\angle A=\angle C$, $\angle B=\angle D$)।

समांतर चतुर्भुज में यदि एक कोण समकोण है, तो उसमें सभी कोण समकोण हैं। इस तरह के समांतर चतुर्भुज को **आयत** कहते हैं (चित्र 101)।

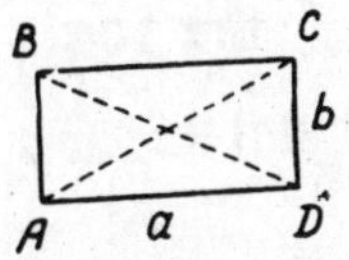

चित्र 101

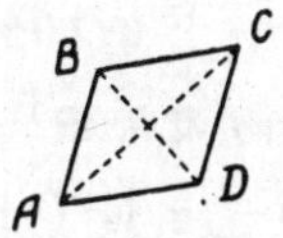

चित्र 102

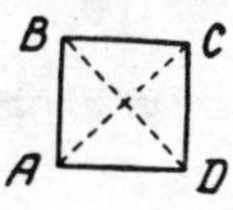

चित्र 103

आयत का क्षेत्रफल उसकी लंबाई और चौड़ाई का गुणन होता है :

$$S=ab.$$

आयत के कर्ण बराबर होते हैं : $AC=BD$।

आयत में कर्ण पर वर्ग बराबर लंबाई पर वर्ग और चौड़ाई पर वर्ग का योगफल होता है : $AC^2=AD^2+DC^2$।

यदि समांतर चतुर्भुज में सभी भुजाएं बराबर होती हैं, तो इसे **रोंब** (समबाहु चतुर्भुज) कहते हैं (चित्र 102)।

रोंब में कर्ण परस्पर लंब होते हैं ($AC \perp BD$) और रोंब के कोणों को समद्विभाजित करते हैं ($\angle DCA=\angle BCA$ आदि)।

रोंब का क्षेत्रफल कर्णों के गुणन का आधा होता है :

$$S=\frac{1}{2}\, d_1 \cdot d_2 \;(AC=d_1,\;\; BD=d_2).$$

वर्ग ऐसे समांतर चतुर्भुज को कहते हैं, जिसके कोण समकोण के बराबर होते हैं और जिसकी भुजाएं बराबर होती हैं (चित्र 103)। वर्ग आयत और साथ ही रोंब का एक विशिष्ट रूप है, इसलिए उसमें उपरोक्त सभी गुण उपस्थित होते हैं।

त्रापेस* ऐसे चतुर्भुज को कहते हैं, जिसकी दो (आमने-सामने की) भुजाएं समानांतर होती हैं ($BC \parallel AD$, चित्र 104)। समांतर चतुर्भुज को त्रापेस का विशिष्ट रूप कहते हैं।

त्रापेस की समांतर भुजाओं को उसका **आधार** कहते हैं, अन्य दो भुजाओं (AB, CD) को पार्श्व भुजाएं कहते हैं। आधारों के बीच की लांबिक दूरी को उसकी **ऊँचाई** (BK) कहते हैं। पार्श्व भुजाओं के मध्य बिंदुओं को मिलाने वाली रेखा को त्रापेस की **मध्य रेखा** कहते हैं।

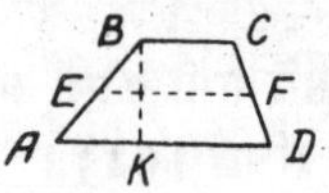

चित्र 104

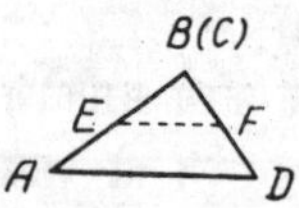

चित्र 105

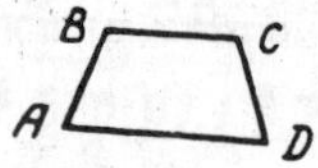

चित्र 106

त्रापेस की मध्य रेखा आधारों के योगफल की आधी होती है :

$$EF=\frac{1}{2}\,(AD+BC)\text{।}$$

त्रापेस की मध्य रेखा आधारों के समांतर होती है : $EF \parallel AD$।

त्रापेस का क्षेत्रफल मध्य रेखा और ऊँचाई के गुणनफल के बराबर होता है :

$$S=\frac{1}{2}\,(a+b)\,h\;(AD=a,\; BC=b,\; BK=h).$$

त्रिभुज को त्रापेस का सीमाप्राय (अवजात) रूप माना जा सकता है, जिसमें एक आधार क्रमशः छोटा होता हुआ बिंदु में परिणत हो जाता है (चित्र 105)। अवजात त्रापेस में उसके सभी गुण सुरक्षित बने रहते हैं। *त्रिभुज ABD की भुजाओं के मध्य बिंदुओं E, F को मिलाने वाली रेखा कर्त EF (त्रिभुज की मध्य रेखा), भुजा AD के समांतर है और AD का आधा है।*

तुल्य पार्श्व भुजाओं वाले त्रापेस को (यदि वह समांतर चतुर्भुज नहीं है)

---

* [त्रापेस के लिए प्रचलित नाम समलंब चतुर्भुज है।]

समपार्श्वी कहते हैं। *समपार्श्वी त्रापेस में किसी भी आधार पर स्थित कोण परस्पर बराबर होते हैं* ($\angle A = \angle D$; $\angle B = \angle C$)।

समतली आकृतियों की समरूपता. त्रिभुजों की समरूपता के लक्षण

यदि किसी समतली आकृति की सभी रैखिक नापें समान अनुपात में बढ़ायी (या घटायी) जायें, तो आरंभिक आकृति और नयी प्राप्त आकृति को **समरूप आकृतियां** कहेंगे। जिस अनुपात में रैखिक मापों को बढ़ाया (या घटाया) जाता है उसे **समरूपता का अनुपात** कहते हैं। उदाहरण के लिए, बड़ा चित्र और उसका फोटोग्राफ समरूप आकृतियां हैं।

दो समरूप आकृतियों में सानुरूप कोण परस्पर बराबर होते हैं, अर्थात् यदि एक आकृति के बिंदुओं A, B, C, D के सानुरूप बिंदु (दूसरी आकृति में) a, b, c, d हैं, तो $\angle ABC = \angle abc$, $\angle BCD = \angle bcd$, आदि। दो बहुभुज $ABCDEF$ और $abcdef$ (चित्र 107) समरूप हैं, यदि उनके सानुरूप कोण बराबर हैं ($\angle A = \angle a$, $\angle B = \angle b, \ldots, \angle F = \angle f$) और उनकी सानुरूप भुजाएं समानुपाती हैं $\left(\frac{AB}{ab} = \frac{BC}{bc} = \frac{CD}{cd} = \ldots = \frac{FA}{fa}\right)$। ये दो शर्तें पूरी हो जाने पर बहुभुजों के अन्य सानुरूप भागों की भी समरूपता निश्चित हो जाती है; उदाहरणार्थ, कर्ण AE और ae के बीच वही अनुपात है, जो भुजाओं के बीच है: $\frac{AE}{ae} = \frac{AB}{ab}$।

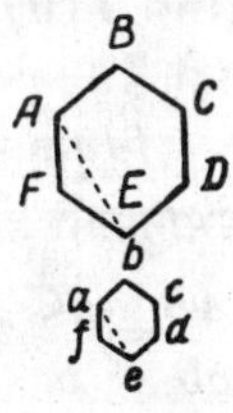

चित्र 107

बहुभुजों की समरूपता के लिए सिर्फ भुजाओं की समानुपातिकता पर्याप्त नहीं है।

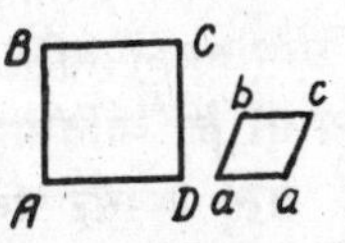

चित्र 108

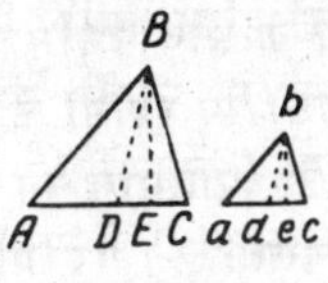

चित्र 109

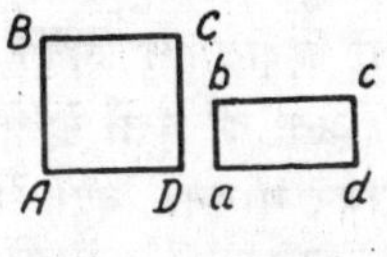

चित्र 110

उदाहरणार्थ, चित्र 108 में चतुर्भुज $ABCD$ (एक वर्ग) की भुजाएं चतुर्भुज $abcd$ (एक रोंब) की भुजाओं के साथ समानुपाती हैं; वर्ग की हर भुजा रोंब

की भुजा से दुगुनी अधिक है। पर वर्ग के कर्ण और रोंब के कर्ण समानुपाती नहीं हो सकते (वर्ग के कर्ण बराबर होते हैं और रोंब में एक कर्ण दूसरे से बड़ा होता है)। दोनों आकृतियां समरूप नहीं हैं, क्योंकि रोंब *abcd* और वर्ग *ABCD* के सानुरूप कोण समान नहीं हैं।

त्रिभुजों की समरूपता के लिए उनकी भुजाओं की समानुपातिकता पर्याप्त है : *दो त्रिभुज समरूप होते हैं, यदि उनकी भुजाएं समानुपाती हैं*। यथा, यदि त्रिभुज *ABC* (चित्र 109) की भुजाएं त्रिभुज *abc* की भुजाओं से दुगुनी लंबी हैं, तो अर्धक *BD* भी अर्धक *bd* से दुगुनी है, ऊँचाई *BE* ऊँचाई *be* से दुगुनी है, आदि; उनके सानुरूप कोण भी बराबर हैं ($\angle A = \angle a, \angle B = \angle b, \angle C = \angle c$)।

यदि दो त्रिभुजों के सानुरूप कोण बराबर हैं, तो त्रिभुज समरूप हैं (यदि दो कोण बराबर हैं, तो यही काफी है, क्योंकि त्रिभुज के तीनों कोण मिलकर हमेशा 180° के बराबर होते हैं)। लेकिन समरूपता का यह लक्षण हर बहुभुज के लिए सही नहीं है। उदाहरणार्थ, वर्ग *ABCD* और आयत *abcd* (चित्र 110) के सानुरूप कोण बराबर हैं, पर दोनों आकृतियां समरूप नहीं हैं।

त्रिभुज उस स्थिति में भी समरूप होते हैं, जब उनकी दो सानुरूप भुजाएं समानुपाती होती हैं और उनके बीच के कोण बराबर होते हैं (अर्थात् जब $\frac{AB}{ab} = \frac{BC}{bc}$ और $\angle B = \angle b$; चित्र 109 में)।

समकोण त्रिभुज समरूप होते हैं, यदि एक का कर्ण और संलंब दूसरे के कर्ण और संलंब के साथ समानुपाती होते हैं।

कोई भी दो वृत्त सदा समरूप होते हैं (उनमें से एक वृत्त दूसरे का वर्धित या लघुकृत रूप होता है)।

समरूप आकृतियों (विशेषकर बहुभुजों) *के क्षेत्रफल उनके सानुरूप कर्तों* (उदाहरणार्थ, भुजाओं) *के वर्ग के साथ समानुपाती होते हैं*। विशेष उदाहरण : *वृत्तों के क्षेत्रफल उनकी त्रिज्याओं या व्यासों के वर्ग के साथ समानुपाती होते हैं*। अतः दो वृत्तों के क्षेत्रफल के व्यतिमान को उनके व्यासों के व्यतिमान के बराबर मानना बहुत बड़ी गलती है। पर यह गलती लोग अक्सर किया करते हैं।

उदाहरण 1. 20 cm व्यास वाली धातु की एक चकती का भार 2.4 kg है। इससे काटकर निकाली गयी 10 cm व्यास वाली चकती का भार कितना होगा ?

इस प्रश्न को हल करने में यदि आप निम्न विचार-क्रम का अनुसरण करते हैं, तो यह गलत होगा : छोटी का व्यास दुगुना कम है, बनिस्बत कि बड़ी के, इसलिए छोटी चकती का भार दुगुना कम होगा, अर्थात् 1.2 kg होगा।

सही हल निम्न है : चूंकि चकती का द्रव्य और उसकी मोटाई पहले जैसी ही है, इसलिए चकतियों के भार उनके क्षेत्रफलों के अनुपात में हैं और छोटी व बड़ी चकतियों के क्षेत्रफलों का अनुपात $\frac{10^2}{20^2}=\frac{1}{4}$ है। अतः छोटी चकती का भार $2.4\cdot\frac{1}{4}=0.6$ kg है।

उदाहरण 2. हालैंड की जनसंख्या 8.2 मिलियन है और स्विटजरलैंड की 4.1 मिलियन है। मान लें कि स्विटजरलैंड की जनसंख्या को आरेख में 10 cm भुजा वाले वर्ग द्वारा द्योतित किया जा रहा है। हालैंड की जनसंख्या को द्योतित करने वाले वर्ग की भुजा क्या होगी?

इष्ट भुजा को a से द्योतित करते हैं :

$$\frac{a^2}{10^2}=\frac{8.2}{4.1}=2\ ;\ \frac{a}{10}=\sqrt[2]{}\approx 1.4\ ;\ a\approx 14\ \text{cm}$$

बिंदुओं का ज्यामितिक स्थान. वृत्त और परिधि

किसी प्रत्त गुण वाले बिंदुओं का **ज्यामितिक स्थान** उन सभी बिंदुओं की संचि को कहते हैं, जो प्रत्त शर्त्तों को संतुष्ट करते हैं।

परिधि *समतल के उन बिंदुओं का ज्यामितिक स्थान है, जो उसके किसी एक बिंदु (केंद्र) से समान दूरी पर स्थित होते हैं।*

केंद्र को परिधि के बिंदुओं से मिलाने वाले तुल्य कर्तों को **त्रिज्याएं** कहते हैं (इन्हें r या R से द्योतित करते हैं)। परिधि के किसी खंड (जैसे चित्र 111

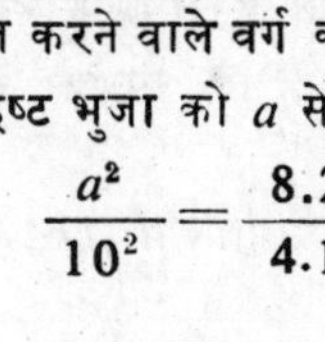

चित्र 111

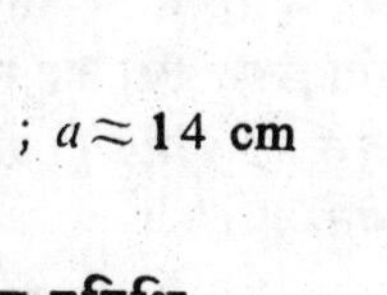

चित्र 112

में AmD) को **चाप** कहते हैं; इसे $\overset{\frown}{AD}$ से भी द्योतित करते हैं। परिधि के दो बिंदुओं से गुजरने वाली रेखा MN को **छेदक** कहते हैं और उसके कर्ण KL को

चापकर्ण कहते हैं। छेदक रेखा जैसे-जैसे केंद्र के निकट आती है, चापकर्ण की लंबाई बढ़ती जाती है। केंद्र O से गुजरने वाला चापकर्ण **व्यास** कहलाता है (इसे d या D से द्योतित करते हैं)। व्यास दो त्रिज्याओं के बराबर होता है ($d=2r$)।

वृत्त परिधि से घिरा हुआ समतल क्षेत्र है [अधिकांशतः 'परिधि' की जगह भी 'वृत्त' शब्द का ही प्रयोग करते हैं]।

स्पर्शक रेखा. मान लें कि छेदक रेखा PQ (चित्र 112) परिधि के बिंदु A तथा B से गुजरती है। यह भी मान लें कि बिंदु B परिधि पर A की ओर भ्रमण कर रहा है। इससे छेदक रेखा PQ बिंदु A के गिर्द घूर्णन करती हुई अपनी स्थिति बदलने लगेगी। जैसे-जैसे बिंदु B बिंदु A के निकट आयेगा, छेदक रेखा एक चरम स्थिति MN की ओर प्रवृत्त होगी। सरल रेखा MN को बिंदु A पर परिधि (या वृत्त) की **स्पर्शक रेखा** कहते हैं। स्पर्शक रेखा और परिधि के हिस्से में सिर्फ एक बिंदु सामूहिक होता है।* स्पर्शक रेखा को अवजात छेदक रेखा कह सकते हैं।

वृत्त की स्पर्शक (रेखा) स्पर्श-बिंदु A से खींची गई त्रिज्या OA के साथ लंब होती है।

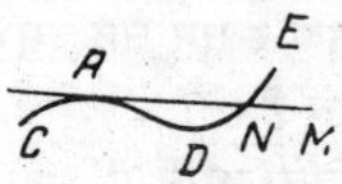

चित्र 113

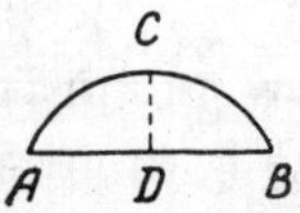

चित्र 114

वृत्त के बाहर स्थित बिंदु से वृत्त की दो स्पर्शक रेखाएं खींची जा सकती हैं; (उनकी लंबाइयां समान होंगी) (दे. पृष्ठ 323 पर चित्र 120)।

चाप ACB तथा उसके चापकर्ण से घिरा हुआ वृत्त का टुकड़ा **वृत्तखंड** कहलाता है (चित्र 114)।

---

* इस गुण को अक्सर वृत्त (परिधि) की स्पर्शी रेखा की परिभाषा मानते हैं; पर अन्य प्रकार की रेखाओं के लिए यह परिभाषा सही नहीं उतरती। उदाहरण के लिए, चित्र 113 में MN वक्र रेखा $CADE$ के बिंदु A पर स्पर्शक रेखा है। पर MN वक्र $CADE$ के साथ बिंदु A के अतिरिक्त एक और सामूहिक बिंदु N भी रखती है। स्पर्शक रेखा की उपरोक्त परिभाषा—छेदक की चरम स्थिति—किसी भी रेखा के लिए सही है।

चापकर्ण AB के मध्य से चाप AB के कटान-बिंदु तक खींचा गया लंब वृत्तखंड का **तीर** कहलाता है। तीर DC (चित्र 114) की लंबाई वृत्तखंड की **ऊँचाई** कहलाती है।

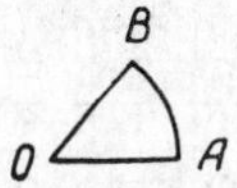

चित्र 115

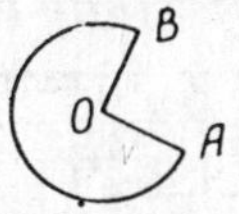

चित्र 116

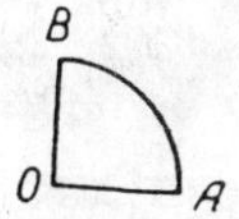

चित्र 117

किसी चाप और उसके सिरों से खींची गयी त्रिज्याओं से घिरा हुआ वृत्त का भाग **वृत्तांश** कहलाता है (चित्र 115, 116)। परस्पर 90° के कोण पर स्थित त्रिज्याओं से बना हुआ वृत्तांश एक **चतुर्थांश** कहलाता है (चित्र 117)।

वृत्त में कोण. परिधि और चाप की लंबाई

दो त्रिज्याओं से बने कोण को **केंद्रीय कोण** या केंद्रस्थ कोण कहते हैं (चित्र 118 में $\angle AOB$)।

अंतरित कोण परिधि के किसी एक बिंदु से निकले दो चापकर्णों से बना कोण है (चित्र 119 में चापकर्ण CA और CB से बना हुआ कोण ACB)।

परीत कोण एक ही बिंदु से खींची गयी दो स्पर्शक रेखाओं के बीच का कोण है (चित्र 120 में कोण ACB)।

चित्र 118

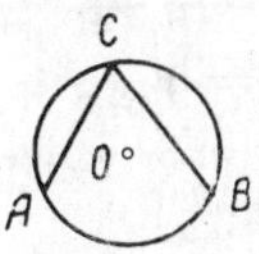

चित्र 119

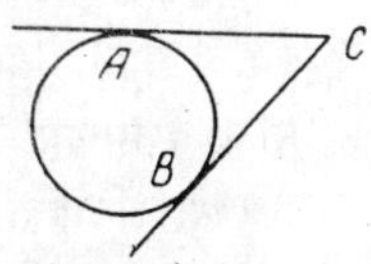

चित्र 120

त्रिज्या के सिरे द्वारा निरूपित **चाप की लंबाई** तदनुरूप केंद्रीय कोण के साथ समानुपाती होती है; इसलिए दी हुई परिधि के चापों को (कोणों की तरह ही) डिग्रियों में नाप सकते हैं (दे. § 144)। 1° का चाप परिधि का $\frac{1}{360}$ वां भाग माना जाता है (यह ऐसा चाप है, जो 1° का केंद्रीय कोण बनाता है)।

पूरी परिधि में 360° है और आधी परिधि में 180°।

एक अक्सर दुहराई जाने वाली गलती से बचने के लिए यह स्पष्ट कर लेना चाहिए कि *केंद्रीय कोण का मान त्रिज्या की लंबाई पर बिल्कुल ही निर्भर नहीं करता, लेकिन दो वृत्तों के मानुरूप चाप अपनी त्रिज्याओं के अनुपात में होते हैं।* यथा, चित्र 121 में केंद्रीय कोण का मान ज्यों का त्यों रहता है, चाहे उसे त्रिज्या CO और DO से बनाया जाये या आधी कम त्रिज्या AO और BO से। पर चाप AB और CD लंबाई में समान नहीं हैं; चाप AB छोटा है और चाप CD बड़ा है, यद्यपि डिग्रियों की संख्या दोनों में बराबर है।

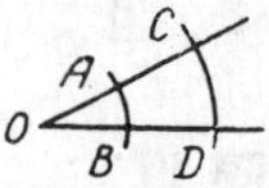

चित्र 121

सामान्य तौर पर चाप की लंबाई निम्न के साथ समानुपाती होती है: (1) उसकी त्रिज्या, और (2) तदनुरूप केंद्रीय कोण के मान के साथ।

परिधि की लंबाई p व्यास की लंबाई से लगभग $3\frac{1}{7}$ गुनी अधिक होती है: $p=3\frac{1}{7}d$। यदि अन्य शब्दों में कहें, तो परिधि और व्यास का व्यतिमान लगभग $3\frac{1}{7}$ है:

$$\frac{p}{d}\approx 3\frac{1}{7}.$$

$\frac{p}{d}$ के शुद्ध मान को ग्रीक वर्ण π (पाइ) से द्योतित करते हैं:

$$\frac{p}{d}=\pi. \qquad (1)$$

$3\frac{1}{7}$ संख्या π का सन्निकृत (उससे बड़ा) मान है। π एक अव्यतिमानी संख्या है (दे. § 92), अर्थात् उसे भिन्न के रूप में शुद्ध-शुद्ध नहीं लिखा जा सकता। पाँच दशमलव अंकों की शुद्धता से इसका मान 3.14159 है। व्यवहार में इसका सन्निकृत (इससे छोटा) मान $\pi=3.14$ लेना पर्याप्त होता है, यह कुछ कम शुद्ध है बनिस्बत कि $\pi\approx 3\frac{1}{7}$।

सूत्र (1) से

$$p=\pi d \qquad (2)$$

या

$$p=2\pi r \;(\pi\approx 3.14) \qquad (3)$$

1° में चाप की लंबाई

$$p_{1^\circ}=\frac{2\pi r}{360}=\frac{\pi r}{180}. \qquad (4)$$

n° में चाप की लंबाई

$$p_{n^\circ} = \frac{\pi r n}{180}. \qquad (5)$$

सूत्र (2) से (5) तक का व्यावहारिक तथा सैद्धांतिक महत्त्व बहुत ज्यादा है।

उदाहरण 1. 2.4 m लंबी लोहे की छड़ से एक छल्ला बनाना है; सिरों की ढलैया में 0.2 m खर्च हो जाता है। छल्ले की त्रिज्या बतायें।

परिधि की लंबाई $p = 2.4 - 0.2 = 2.2$ m है। सूत्र (3) से

$$r = \frac{p}{2\pi} \approx \frac{2.2}{6.3} \approx 0.35 \text{ m}.$$

उदाहरण 2. इंजन के चक्के का व्यास 1.5 m है। इंजन का वेग 30 km/h होने पर चक्का एक मिनट में कितने चक्कर लगायेगा ?

1 मिनट में चक्का $30 : 60 = \frac{1}{2}$ km अर्थात् 500 m दूरी तय करता है। एक चक्कर में वह अपनी परिधि p के बराबर पथ तय करता है; $p = \pi d \approx 3.14 \cdot 1.5 \approx 4.71$ m। चक्करों की इष्ट संख्या होगी $500 : 4.71 \approx 106$।

उदाहरण 3. रेलवे लाइन पर 800 m त्रिज्या वाला एक मोड़ है; इस पर पथ की लंबाई 60 m है। इस मोड़ के चाप में कितनी डिग्रियां होंगी ?

सूत्र (5) से :

$$n = \frac{180p}{\pi r} \approx \frac{180 \cdot 60}{3.14 \cdot 800} \approx 4^\circ 18' \text{ (सन्निकृत परिणाम)।}$$

वृत्त का क्षेत्रफल अर्ध परिधि गुणा त्रिज्या है :

$$S = \tfrac{1}{2} pr, \text{ या } S = \pi r^2.$$

वृत्तांश का क्षेत्रफल S_{sect} (sector = वृत्तांश) तदनुरूप चाप p_{sect} के आधा और त्रिज्या r का गुणनफल है :

$$S_{sect} = \tfrac{1}{2} p_{sect}\, r.$$

n° में निहित चाप वाले वृत्तांश का क्षेत्रफल

$$S_{n^\circ} = \frac{\pi r^2 n}{360}.$$

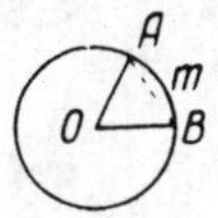

चित्र 122

वृत्तखंड का क्षेत्रफल वृत्तांश $AOBm$ और त्रिभुज AOB के क्षेत्रफलों के अंतर के रूप में ज्ञात किया जाता है (चित्र 122)।

§ 154a. चाप की लंबाई के लिए ह्यूजेंस का सूत्र

व्यवहार में अक्सर ऐसी स्थिति आती है, जब किसी आरेख में दिये गये चाप या प्रकृति में पाये जाने वाले किसी चाप की लंबाई निकालनी पड़ती है

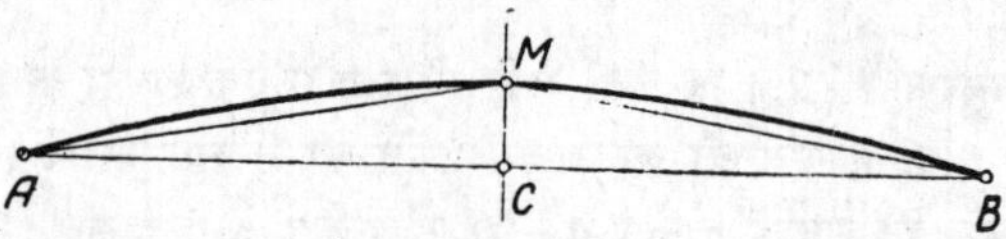

चित्र 122a

और यह अज्ञात रहता है कि विचाराधीन चाप वृत्त का कौन-सा हिस्सा है या उसकी त्रिज्या कितनी है। इन स्थितियों में निम्न विधि अपनाते हैं :

चाप $\overset{\frown}{AB}$ (चित्र 122a) में उसके मध्य बिंदु M पर निशान लगा देते हैं (यह चापकर्ण AB के मध्य बिंदु C से खींचे गये लंब CM पर है)। फिर चापकर्ण AB और आधे चाप का चापकर्ण AM नापते हैं। चाप $\overset{\frown}{AB}$ की लंबाई p ह्यूजेंस* के सूत्र से (लगभग रूप में) व्यक्त होती है :

$$p \approx 2l + \frac{l}{3}(2l - L),$$

जहाँ $l = AM$ और $L = AB$.

यदि $\overset{\frown}{AB}$ में $60°$ होते हैं, तो इस सूत्र से करीब 0.5% सापेक्षिक त्रुटि होती है। चाप का कोणीय मान घटने पर त्रुटि और भी तेजी से कम होती है। यथा, $45°$ वाले चाप के लिए सापेक्षिक त्रुटि करीब 0.02% होती है।

उदाहरण. चित्र 122a में चाप $\overset{\frown}{AB}$ दिखाया गया है, जिसके लिए

$$l = AM = 34.0 \text{ mm}, \ L = AB = 67.1 \text{ mm}.$$

ह्यूजेंस के सूत्र से :

$$p = 2\cdot 34.0 + \tfrac{1}{3}(2\cdot 34.0 - 67.1) \approx 68.3 \text{ mm}.$$

यहाँ सभी अंक विश्वस्त हैं, क्योंकि चाप $\overset{\frown}{AB}$ में (अंदाजन) $45°$ हैं, अतः त्रुटि 0.02% अर्थात् 0.05 mm से कम ही है।

---

* क्रिश्चियान ह्यूजेंस (1629-1695) हालैंड के वैज्ञानिक थे, जो यांत्रिकी और प्रकाशिकी पर अपनी कृतियों के लिए प्रसिद्ध हैं।

वृत्त में कोणों की माप

अंतरित कोण उससे प्रतिच्छेदित चाप द्वारा बने केंद्रीय कोण का आधा होता है। चित्र 123 में $\angle ACB = \frac{1}{2} \angle AOB$ है। इसीलिए एक ही चाप पर टिके

चित्र 123

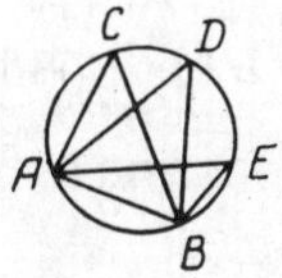

चित्र 124

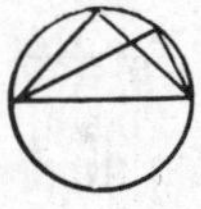

चित्र 125

सभी अंतरित कोण परस्पर बराबर होते हैं। चित्र 124 में $\angle ACB = \angle ADB = \angle AEB$। अन्यतः, चापकर्ण AB उस पर टिके चाप के किसी भी बिंदु से सदा एक ही कोण पर दीखता है। कहते हैं कि चाप $ACDEB$ में एक नियत मान वाला कोण ही अंतरित होता है। उदाहरणार्थ, अर्ध वृत्त में हमेशा $90°$ का कोण अंतरित होता है (चित्र 125)।

चूंकि केंद्रीय कोण में उतनी ही डिग्रियां (कोणिक) होती हैं जितनी उसके चाप में (चापीय) डिग्रियां होती हैं, इसलिए अंतरित कोण (चित्र 123 में $\angle ACB$) उससे प्रतिच्छेदित चाप AB के आधे के बराबर होता है।

दो चापकर्णों के कटान से बना कोण (जैसे चित्र 126 में $\angle AOB$) *उसकी* (दोनों *तरफ बढ़ी*) *भुजाओं के बीच स्थित चापों के अर्ध योगफल* $\frac{1}{2}(\overset{\frown}{CD} + \overset{\frown}{AB})$ *जितना नाप रखता है।* अंतरित कोण को ऐसे कोण का विशिष्ट रूप माना जा सकता है, जिसमें एक चाप शून्य होता है।

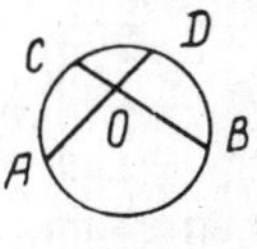

चित्र 126

चित्र 127

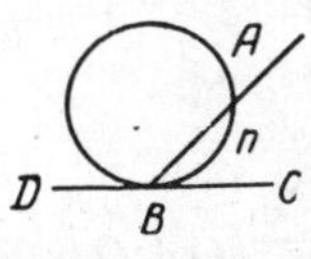

चित्र 128

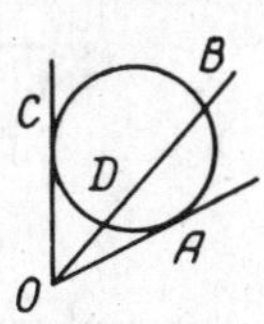

चित्र 129

दो छेदक रेखाओं के बीच का कोण (चित्र 127 में AOB) *उसकी भुजाओं के बीच स्थित चापों के अर्ध अंतर* $\frac{1}{2}(\overset{\frown}{AB} - \overset{\frown}{CD})$ *द्वारा नपता है।* अंतरित कोण दो छेदकों से बने कोण का विशिष्ट रूप है ($\overset{\frown}{CD} = 0$)।

चूंकि स्पर्शक रेखा को छेदक का अवजनन मान सकते हैं (§ 153), इसलिए स्पर्शक और चापकर्ण रेखाओं के बीच का कोण (जैसे चित्र 128 में $\angle ABC$) उसके बीच स्थित चाप के आधे भाग ($\frac{1}{2}\overset{\frown}{AnB}$) द्वारा नपता है; स्पर्शक और छेदक से बना कोण (चित्र 129 में $\angle BOA$) उनके बीच स्थित चापों के अर्ध अंतर $\frac{1}{2}(\overset{\frown}{BA} - \overset{\frown}{DA})$ से नपता है; परीत कोण (चित्र 129 में $\angle AOC$) उसकी भुजाओं के बीच स्थित चापों के अर्ध अंतर $\frac{1}{2}(\overset{\frown}{CBA} - \overset{\frown}{CDA})$ से नपता है।

बिंदु का घात

त्रिज्या r वाली परिधि के सापेक्ष *बिंदु O का घात* राशि $d^2 - r^2$ को कहते हैं, जहां d उस बिंदु से केंद्र C तक की दूरी OC है। बाह्य बिंदु का घात धनात्मक होता है और आंतरिक का ऋणात्मक।

बिंदु के घात के परम मान $|d^2 - r^2|$ को p^2 द्वारा द्योतित करते हैं, अतः बाह्य बिंदु के लिए $p^2 = d^2 - r^2$ है और आंतरिक बिंदु के लिए $p^2 = r^2 - d^2$ है। राशियां p^2 और p (अंतिम धनात्मक मानी जाती है) बहुत महत्त्वपूर्ण भूमिका निभाती हैं।

मान लें कि बिंदु O से (चित्र 130 और 131 में) सभी संभव छेदक रेखाएं (AB, DE, FG आदि) खींची गयी हैं। बिंदु O से परिधि के कटान-बिंदुओं

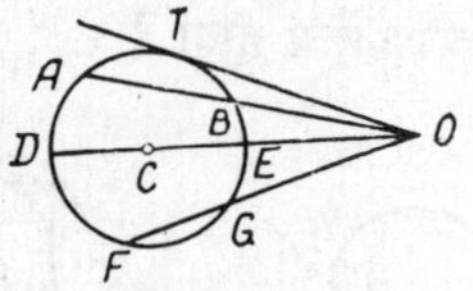

चित्र 130

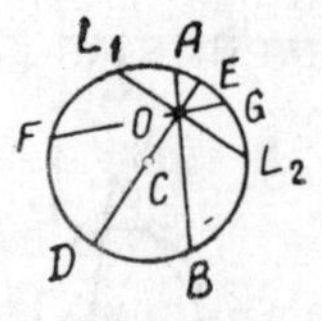

चित्र 131

तक के कर्तों का गुणनफल ($OA \cdot OB$, या $OD \cdot OE$, या $OF \cdot OG$ आदि) एक स्थिर राशि है और यह p^2 के बराबर होता है। जब छेदक रेखा केंद्र से गुजरती है, तो यह स्थिति और भी महत्त्वपूर्ण होती है (दे. नीचे के उदाहरण)।

यदि बिंदु O परिधि के बाहर है (चित्र 130), तो स्पर्शक रेखा को छेदक का अवजनन मानने पर $OT^2 = p^2$ मिलता है, अर्थात् *स्थिर राशि "बिंदु का घात" स्पर्शक की लंबाई का वर्ग है*। इस प्रकार, राशि p स्पर्शक OT के बराबर है।

यदि बिंदु O आंतरिक है (चित्र 131), तो बिंदु O से व्यास DE के लंब स्थित चापकर्ण L_1L_2 में $OL_1=OL_2$ होगा, अत: $OL_1^2=p^2$, अर्थात् बिंदु का घात इस बिंदु से गुजरने वाले लघुतम अर्ध चापकर्ण का वर्ग है। इस प्रकार, राशि p अर्ध चापकर्ण OL_1 के बराबर है।

उदाहरण 1. समुद्र के ऊपर 2 km की ऊंचाई पर उड़ते हवाई जहाज से कितनी दूर तक नीचे देख सकते हैं ? (पृथ्वी का व्यास 12700 km है)।

चित्र 132 में पृथ्वी के उदंग्र-काट का आरेख दिखाया गया है।

O हवाई जहाज है, $OE=2$ km, $ED\approx 12700$ km। हवाई जहाज से पृथ्वी का दूरतम दृश्य-बिंदु T है; OT वृत्त ETD की स्पर्शक रेखा है अत: $OT=p$। पर दूसरी ओर से, $p^2=OE\cdot OD\approx 2\cdot 12700$ (हम $OD\approx$ 12700 km ही ले रहे हैं, इससे जो त्रुटि होगी, वह मान 12700 km की चरम त्रुटि से बहुत कम है)। अत:

$$p=\sqrt{25400}\approx 160 \text{ km}$$

उदाहरण 2. गुंबद का विस्तार 6 m है; तीर 0.4 m है। गुंबद के चाप की त्रिज्या बतायें।

चित्र 132

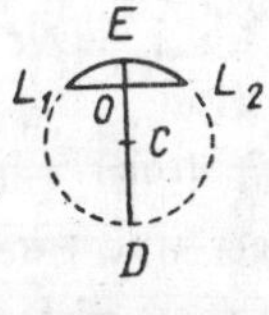

चित्र 133

चित्र 133 में : $L_1L_2=6$ m, $EO=0.4$ m है। बिंदु O का घात $p^2=OL_1^2=\left(\frac{L_1L_2}{2}\right)^2=9$ है। पर दूसरी ओर से, $p^2=EO\cdot OD$; चूँकि OD की तुलना में EO बहुत छोटा है, इसलिए $OD=2r$ मान सकते हैं, जिससे $9\approx 0.4\cdot 2r$ मिलता है और

$$r=\frac{9}{0.8}\approx 11\frac{1}{4} \text{ m}.$$

मौलिक अक्ष. मौलिक केंद्र

दो परिधियों (केंद्र O_1, O_2) के सापेक्ष समान घात ($MK_1=MK_2$)

रखने वाले बिंदुओं M का ज्यामितिक स्थान उनके केंद्रों को मिलाने वाली रेखा पर लंब रेखा AB है (चित्र 134, 135, 136, 137, 138)।

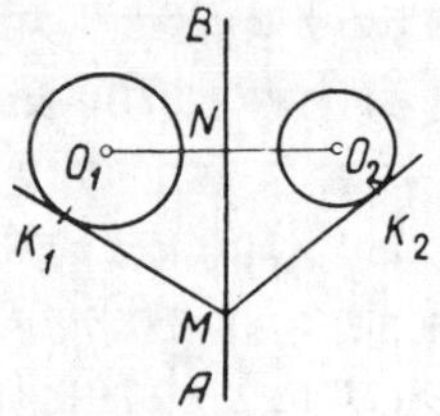

चित्र 134

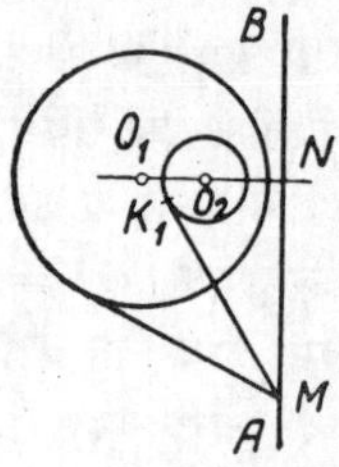

चित्र 135

इस रेखा को वृत O_1 व O_2 का **मौलिक अक्ष** कहते हैं। केंद्र O_1 व O_2 से मौलिक अक्ष की दूरियां d_1 व d_2 निम्न सूत्रों से कलित हो सकती हैं:

$$d_1 = O_1N = \frac{d}{2} + \frac{r_1^2 - r_2^2}{2d},$$

$$d_2 = NO_2 = \frac{d}{2} + \frac{r_2^2 - r_1^2}{2d}.$$

जहां d केंद्रों की आपसी दूरी O_1O_2 है, r_1 व r_2 वृत्तों की त्रिज्याएं हैं।

मौलिक अक्ष को बनावट की सहायता से ढूँढ़ना अधिक सरल है। यदि वृत्त एक-दूसरे को बिंदु C और D पर काटते हैं, तो बिंदु C और D के घात दोनों

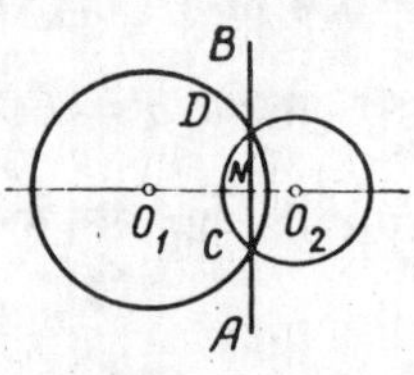

चित्र 136

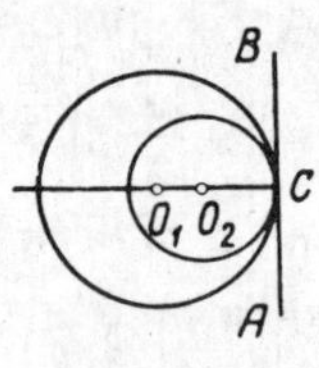

चित्र 137

वृत्तों के सापेक्ष तुल्य (शून्य) होंगे। इसका मतलब हुआ कि मौलिक अक्ष C और D से गुजरता है (चित्र 136)।

यदि वृत्त एक-दूसरे को बिंदु C पर स्पर्श करते हैं (चित्र 137, 138), तो उनका मौलिक अक्ष उनकी सामूहिक स्पर्शक रेखा होती है।

यदि वृत्त एक-दूसरे को स्पर्श नहीं करते या काटते नहीं है, तो मौलिक अक्ष निम्न विधि से ज्ञात किया जाता है (चित्र 139)। किसी बिंदु O_3 को केंद्र मानकर मनचाही त्रिज्या का वृत्त खींचते हैं, जो वृत्त O_1 की परिधि को C तथा D पर और वृत्त O_2 की परिधि को बिंदु E तथा F पर काटती है। रेखा CD वृत्त O_1 तथा O_3 का मौलिक अक्ष है, रेखा EF वृत्त O_2 तथा O_3 का

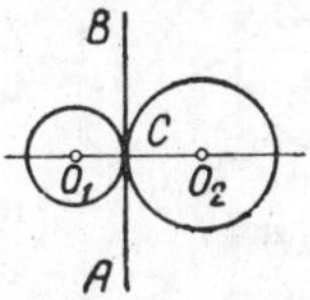

चित्र 138

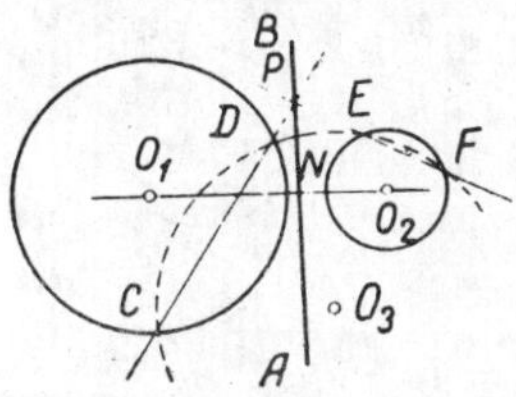

चित्र 139

मौलिक अक्ष है; इन रेखाओं के कटान-बिंदु P का घात तीन वृत्तों के सापेक्ष एक जैसा होगा, अतः बिंदु P वृत्त O_1 तथा O_2 के मौलिक अक्ष पर भी स्थित है। इसी तरह का एक और बिंदु प्राप्त कर लेने पर वृत्त O_1 तथा O_2 का मौलिक अक्ष मिल जायेगा या बिंदु P से O_1O_2 पर लंब PN खींचते हैं; रेखा PN इष्ट मौलिक अक्ष होगी।

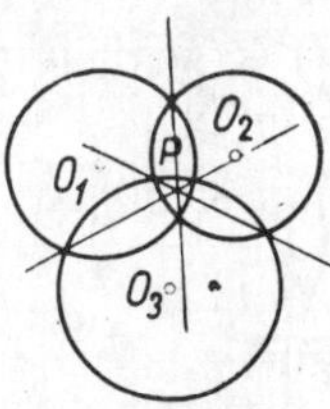

चित्र 140

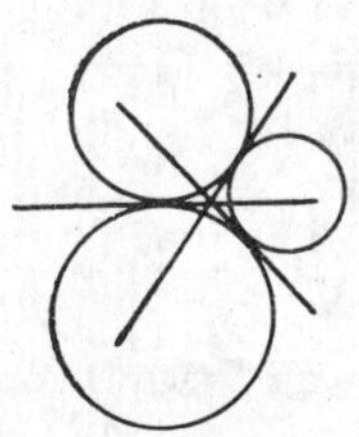

चित्र 141

इस विचार-क्रम का अनुसरण करने से स्पष्ट हो जाता है कि किन्हीं तीन वृत्तों O_1, O_2, O_3 में से तीन जोड़े वृत्तों के तीन मौलिक अक्ष एक-दूसरे को एक ही बिंदु पर काटते हैं। इस बिंदु को वृत्त O_1, O_2, O_3 का **मौलिक केंद्र** कहते हैं। चित्र 140 में दिखाया गया है : एक-दूसरे को काटने वाले तीन वृत्तों में से दो-दो का सामूहिक चापकर्ण खींचने पर ये चापकर्ण एक-दूसरे को एक बिंदु पर काटते हैं। चित्र 141 में दिखाया गया है : परस्पर स्पर्शरत तीन वृत्तों में से दो-दो की खींची गयी सामूहिक स्पर्शक रेखाएं भी एक-दूसरे को एक बिंदु पर काटती हैं।

अंतरित और परीत बहुभुज

वृत्त में अंतरित बहुभुज ऐसे बहुभुज को कहते हैं, जिसके सभी शीर्ष किसी वृत्त की परिधि पर होते हैं (चित्र 142); वृत्त के गिर्द **परीत बहुभुज** की हर भुजा वृत्त की स्पर्शक होती है (चित्र 143)।

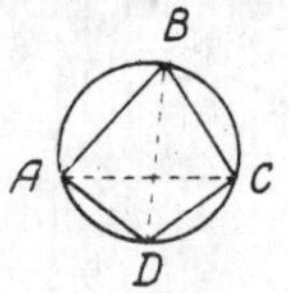

चित्र 142

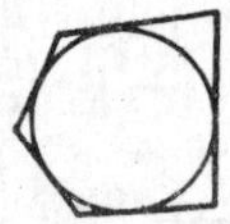

चित्र 143

बहुभुज के गिर्द **परीत वृत्त** की परिधि बहुभुज के सभी शीर्षों से गुजरती है (चित्र 142); बहुभुज में **अंतरित वृत्त** की परिधि बहुभुज की सभी भुजाओं को छूती हैं (चित्र 143)।

मनचाहे बहुभुज में हमेशा वृत्त अंतरित नहीं किया जा सकता, न ही वृत्त उसके गिर्द हमेशा परीत किया जा सकता है।

यदि बहुभुज कोई त्रिभुज है, तो उसके लिए अंतरित और परीत वृत्त हमेशा खींचा जा सकता है (दे. § 139, प्रश्न 20-21)।

अंतरित वृत्त की त्रिज्या r त्रिभुज की भुजाओं के जरिये निम्न प्रकार से व्यक्त होती है :

$$r=\sqrt{\frac{(p-a)(p-b)(p-c)}{p}} \quad \left(p=\frac{a+b+c}{2}\right).$$

परीत वृत्त की त्रिज्या R निम्न सूत्र से ज्ञात होती है :

$$R=\frac{abc}{4\sqrt{p(p-a)(p-b)(p-c)}}$$

चतुर्भुज में वृत्त तभी अंतरित किया जा सकता है, जब उसकी आमने-सामने की भुजाओं के योगफल समान होते हैं। समांतर चतुर्भुजों में से सिर्फ रोंब (विशेषकर वर्ग) में वृत्त अंतरित किया जा सकता है; उसका केंद्र कर्णों के कटान-बिंदु पर होता है।

चतुर्भुज पर वृत्त परीत करना तभी संभव है, जब उसके आमने-सामने के कोण मिलकर 180° होते हैं। (यदि एक जोड़ा आमने-सामने के कोण 180° होते हैं, तो दूसरा जोड़ा भी मिलकर जरूर 180° होता है)। समांतर चतुर्भुजों

में से सिर्फ आयत (विशेष स्थिति : वर्ग) पर ही वृत्त परीत किया जा सकता है ; उसका केंद्र कर्णों के कटान-बिंदु पर होता है ।

त्रापेस (समलंब चतुर्भुज) पर वृत्त परीत करना तभी संभव होता है, जब वह समपार्श्वी होता है ।

वृत्त में अंतरित उत्तल चतुर्भुज में कर्णों का गुणनफल आमने-सामने की भुजाओं के गुणनफलों का योगफल है—यह तोलेमी (Ptolemy) का प्रमेय है; अत: (चित्र 142) :

$$AC \cdot BD = AB \cdot DC + AD \cdot BC$$

नियमित बहुभुज

नियमित बहुभुज ऐसे बहुभुज को कहते हैं, जिसमें सभी कोण आपस में बराबर होते हैं और सभी भुजाएं आपस में बराबर होती हैं । चित्र 144 और 145 में क्रमश: नियमित षटभुज और नियमित अष्टभुज दिखाये गये हैं । नियमित चतुर्भुज एक वर्ग है; नियमित त्रिभुज समबाहु त्रिभुज है । नियमित n-भुज (n भुजाओं वाले बहुभुज) में हर कोण $\frac{180° \ (n-2)}{n}$ के बराबर होता है ।

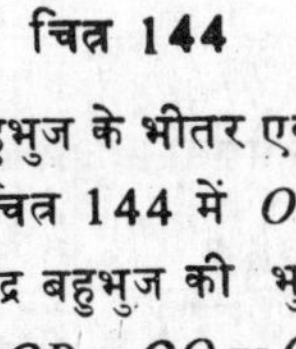

चित्र 144

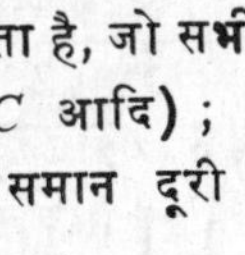
चित्र 145

नियमित बहुभुज के भीतर एक ऐसा बिंदु होता है, जो सभी शीर्षों से समान दूरी रखता है (चित्र 144 में $OA = OB = OC$ आदि) ; इसे बहुभुज का केंद्र कहते हैं। केंद्र बहुभुज की भुजाओं से भी समान दूरी (समान लांबिक दूरी) रखता है ($OP = OQ = OR$ आदि) ।

कर्त OP, OQ आदि को **दूरक** [apothem, (भुजाओं को) दूर रखने वाला] कहते हैं [इन्हें **आंतर त्रिज्याएं** भी कहते हैं, क्योंकि ये बहुभुज में अंतरित वृत्त की त्रिज्याएं हैं]; कर्त OA, OB आदि को **बाह्य त्रिज्याएं** कहते हैं।

नियमित बहुभुज का क्षेत्रफल अर्ध परिमिति गुणा दूरक होता है :

$$S = ph,$$

जहां

$$p = \frac{1}{2}\,(AB + BC + CD + \ldots),\ h = OP$$

नियमित बहुभुज में वृत्त अंतरित किया जा सकता है और उस पर वृत्त परीत भी किया जा सकता है। परीत और अंतरित वृत्तों के केंद्र नियमित बहुभुज के केंद्र पर होते हैं। परीत वृत्त की त्रिज्या नियमित बहुभुज की बाह्य त्रिज्या है और अंतरित वृत्त की त्रिज्या दूरक है (परीत और अंतरित वृत्त खींचने की विधि देखें § 139 में, प्रश्न 30-38)।

वृत्त पर परीत नियमित बहुभुज की भुजा b_n उसी वृत्त में अंतरित नियमित बहुभुज की भुजा a_n के साथ निम्न सूत्र से संबंधित है (यदि दोनों बहुभुजों में भुजाओं की संख्या n है) :

$$b_n = Ra_n : \sqrt{R - \tfrac{1}{4}a_n} \qquad (R = \text{वृत्त की त्रिज्या})$$

दुगुनी संख्या में भुजाएं रखने वाले अंतरित नियमित बहुभुज की भुजा a_{2n} भुजा a_n द्वारा निम्न सूत्र से व्यक्त होती है :

$$a_{2n} = \sqrt{2R^2 - 2R\sqrt{R^2 - \tfrac{1}{4}a^2_n}}.$$

निम्न सूत्र कुछ अंतरित नियमित बहुभुजों की भुजा को वृत्त की त्रिज्या के साथ संबंधित करते हैं :

$$a_3 = R\sqrt{3} \approx 1.7321R;$$

$$a_4 = R\sqrt{2} \approx 1.4142R;$$

$$a_5 = R\sqrt{\frac{5-\sqrt{5}}{2}} \approx 1\ 1755R;$$

$$a_6 = R;$$

$$a_{10} = R\frac{\sqrt{5}-1}{2} \approx 0.6180R;$$

$$a_{12} = R\sqrt{2-\sqrt{3}} \approx 0.5176R;$$

$$a_{15} = \tfrac{1}{4}R[\sqrt{10+2\sqrt{5}} - \sqrt{3}(\sqrt{5}-1] \approx 0.4158R.$$

a_3, a_4, a_6 के व्यंजनों की व्यवहार में अक्सर आवश्यकता पड़ती है; अत: इन्हें कंठस्थ कर लेना चाहिए। अन्य बहुभुजों की भुजा त्रिकोणमितिक सूत्रों

द्वारा सारणियों की सहायता से ज्ञात करना सुगम होता है (दे. § 188)। अधिकांश बहुभुजों के लिए व्यतिमान $a_n : R$ को मूल के चिह्नों की भरमार करके भी बीजगणितीय सूत्रों से व्यक्त करना संभव नहीं होता।

उदाहरण. 40 cm मोटे शहतीर से वर्गाकार अनुप्रस्थ काट वाली छड़ काट कर अलग की जा सकती है या नहीं? वर्ग की भुजा 36 cm होनी चाहिए।

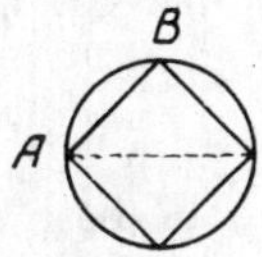

चित्र 146

शहतीर के अनुप्रस्थ काट को वृत्त माना जा सकता है, जिसकी त्रिज्या होगी :

$$R=\frac{40}{2}=20 \text{ cm.}$$

वृत्त में अँटने वाला सबसे बड़ा वर्ग, उसमें अंतरित वर्ग होता है (जिसके शीर्ष परिधि पर होते हैं)। इस वर्ग की भुजा AB (चित्र 146) $20\sqrt{2} \approx 20 \cdot 1.41 \approx 28$ cm होगी। अतः शहतीर से ऐसे वर्गाकार अनुप्रस्थ काट वाली छड़ अलग नहीं की जा सकती, जिसकी भुजा 36 cm हो।

§ 160. समतली आकृतियों के क्षेत्रफल

इस अनुच्छेद में समतली आकृतियों के क्षेत्रफल S के लिए सभी महत्त्वपूर्ण सूत्र संकलित हैं (इनमें से कुछ सूत्र तदनुरूप अनुच्छेदों में भी दिये गये हैं)।

वर्ग (चित्र 103, पृष्ठ 317). a=भुजा, d=कर्ण :

$$S=a^2=\frac{d^2}{2}$$

आयत (चित्र 101, पृ. 317). a, b भुजाएं हैं :

$$S=ab.$$

रोंब (चित्र 102, पृ. 317). a=भुजा, d_1, d_2 कर्ण हैं, α कोई एक (न्यून या अधिक) कोण है :

$$S=\frac{d_1 d_2}{2}=a^2 \sin \alpha.$$

समांतर चतुर्भुज (चित्र 100, पृ. 316). a, b भुजाएं हैं; α एक कोण है (न्यून या अधिक); h=ऊँचाई :

$$S=ah=ab \sin \alpha$$

त्रापेस (चित्र 104, 106, पृ. 318). a, b आधार हैं; h ऊँचाई और c मध्य रेखा है :

$$S=\frac{a+b}{2}h=ch$$

चतुर्भुज, कोई भी. d_1, d_2 कर्ण हैं, α उनके बीच का कोण है (चित्र 147) :

$$S=\tfrac{1}{2}\, d_1\, d_2 \sin\alpha$$

चतुर्भुज, जिस पर वृत्त परीत किया जा सके (§ 139, प्रश्न 22) a, b, c, d भुजाएं हैं :

$$p=\frac{a+b+c+d}{2},$$

$$S=\sqrt{(p-a)\,(p-b)\,(p-c)\,(p-d)}.$$

समकोण त्रिभुज (चित्र 75, पृ. 308). a, b संलंब हैं:

$$S=\tfrac{1}{2}\, ab.$$

समद्विबाहु त्रिभुज (चित्र 77, पृ. 308). a=आधार, b=पार्श्व भुजा :

$$S=\tfrac{1}{2}a\sqrt{b^2-\frac{a^2}{4}}.$$

समबाहु त्रिभुज (चित्र 78; पृ. 309). a= एक भुजा :

$$S=\tfrac{1}{4}\, a^2\sqrt{3}$$

त्रिभुज, कोई भी. a, b, c भुजाएं हैं; a=आधार, h=ऊँचाई; A, B, C कोण हैं (क्रमशः a, b, c के सामने स्थित); $p=\frac{a+b+c}{2}$ (चित्र 148) :

$$S=\tfrac{1}{2}\, ah=\tfrac{1}{2}\, ab\sin C=\frac{a^2\sin B\sin C}{2\sin A}=\frac{h^2.\sin A}{2\sin B.\sin A}$$

$$=\sqrt{p(p-a)\,(p-b)\,(p-c)}$$

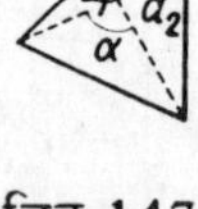

चित्र 147

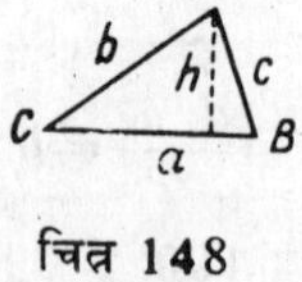

चित्र 148

चित्र 149

बहुभुज का क्षेत्रफल निकालने के लिए उसे किसी तरह से (उदाहरण-स्वरूप, कर्णों की सहायता से) त्रिभुजों में वांट लेते हैं। वृत्त पर परीत बहुभुज

को वृत्त के केंद्र से बहुभुज के शीर्षों की ओर जाने वाली रेखाओं द्वारा बाँटना सुविधाजनक होता है (चित्र 149)। तब

$$S = rp,$$

r=वृत्त की त्रिज्या, p=बहुभुज की अर्ध परिमिति।

यह सूत्र विशेषकर सभी नियमित बहुभुजों के लिए लागू होता है।

नियमित षटभुज. (a=एक भुजा) :

$$S = \frac{3}{2}\sqrt{3}\,a^2.$$

वृत्त. (d=व्यास, r=त्रिज्या, C=परिधि) :

$$S = \frac{1}{2}Cr = \pi r^2 \;(\approx 3.142\, r^2) = \pi\frac{d^2}{4}\;(\approx 0.785\, d^2).$$

वृत्तांश. r=त्रिज्या, n=केंद्रीय कोण का डिग्रियों में माप, p_{n°=चाप की लंबाई (चित्र 150) :

$$S = \frac{1}{2}rp_{n^\circ} = \frac{\pi r^2 n}{360}.$$

वृत्तीय छल्ला. R, r क्रमशः वाह्य तथा आंतर त्रिज्याएं हैं (चित्र 151); D, d वाह्य तथा आंतर व्यास हैं; $\bar{r}$ औसत त्रिज्या है; k छल्ले की चौड़ाई है :

$$S = \pi(R^2 - r^2) = \frac{\pi}{4}(D^2 - d^2) = 2\pi\bar{r}k.$$

वृत्तखंड (चित्र 152) का क्षेत्रफल वृत्तांश $OAmB$ और त्रिभुज AOB के क्षेत्रफलों का अंतर है।

चित्र 150

चित्र 151

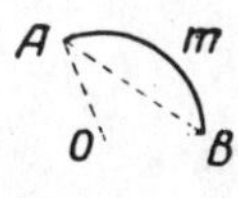

चित्र 152

वृत्तखंड के क्षेत्रफल का सन्निकृत सूत्र

व्यवहार में अक्सर प्राकृतिक या आरेखित चित्रित वृत्तखंड का क्षेत्रफल ज्ञात करना पड़ता है, और वह भी ऐसी स्थिति में, जब न तो परिधि के साथ

चाप का व्यतिमान ही पता होता है, न चाप की त्रिज्या ही। ऐसी स्थिति में निम्न सन्निकृत सूत्र का उपयोग करते हैं :

$$S \approx \frac{2}{3} ah.$$

जहाँ $a = AB$ (चित्र 152 a), यह वृत्तखंड का आधार है; $h = CM$ उसकी ऊँचाई है। दूसरे शब्दों में, यह मान लेते हैं कि वृत्तखंड का क्षेत्रफल आयत $ADEB$ का $\frac{2}{3}$ भाग है। पर वास्तव में वृत्तखंड का क्षेत्रफल कुछ ज्यादा होता है। $\overset{\frown}{AB} = 60^\circ$ होने पर सूत्र की सापेक्षिक त्रुटि 1.5% होती है; $\overset{\frown}{AB} = 45^\circ$

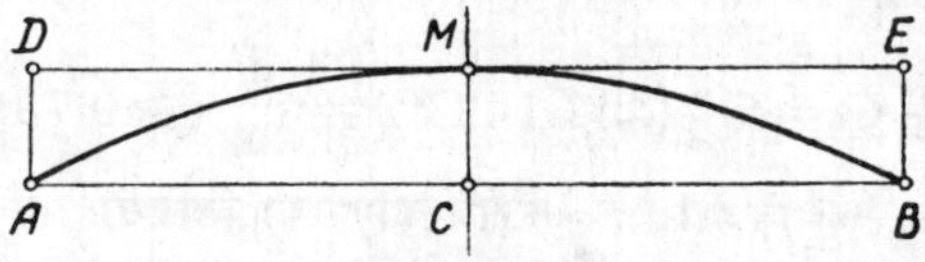

चित्र 152a

होने पर सापेक्षिक त्रुटि दुगुनी कम होती है; $\overset{\frown}{AB} = 30^\circ$ होने पर त्रुटि सिर्फ 0.3% रह जाती है, तथा आगे और भी तेजी से घटती है।

उदाहरण. वृत्तखंड. AMB (चित्र 152a) का क्षेत्रफल निकालें, जिसका आधार $a = 60.0$ mm और $h = 8.04$ mm है।

हल. $S \approx \frac{2}{3} \cdot 60.0 \cdot 8.04 \approx 321 \text{mm}^2$.

उत्तर में तीसरा अंक विश्वस्त नहीं है; चूंकि चाप $\overset{\frown}{AB}$ में लगभग 60° हैं, इसलिए सूत्र की त्रुटि 1.5% अर्थात लगभग 5 mm^2 है। यदि तदनुरूप सुधार किया जाये, तो $S \approx 326$ mm^2 मिलेगा। इसमें सभी अंक विश्वस्त हैं।

B. व्योममिति

सामान्य सूचनाएं

व्योममिति व्यौम पिंडों और आकृतियों के ज्यामितिक गुणों का अध्ययन करती है। व्योममितिक प्रश्नों को हल करने में महत्वपूर्ण विधि है उन समतली रेखाओं तथा आकृतियों का परीक्षण करना, जो विचाराधीन वस्तु में उपस्थित हैं या जो सहायक तत्त्वों के रूप में बनावट से प्राप्त हों। इसीलिए व्यौम रूपों में

विविध समतली आकृतियों को पहचानना तथा उन्हें अलग करना जरूर सीखना चाहिए।

मुख्य अवधारणाएं

जिस प्रकार तलमिति में सभी रेखाओं के बीच सरल रेखा को विशेष प्रमुखता दी जाती है, उसी प्रकार व्योममिति में समतली (चौरस) सतह—**समतल**—को विशेष प्रमुखता दी जाती है। *समतल* और *सरल* (ऋजु) *रेखा* व्योममिति के मुख्य तत्त्व हैं। [सरल ज्यामिति में रेखा का अर्थ सामान्यतया सरल रेखा होता है और तल का अर्थ समतल होता है।]

व्योम के तीन बिंदुओं से, जो एक सरल रेखा पर नहीं हैं, एक और सिर्फ एक समतल गुजरता है। एक सरल रेखा पर स्थित तीन बिंदुओं से असंख्य समतल खींचे जा सकते हैं; ये सभी मिलकर समतलों का **पुंज** बनाते हैं; जिस सरल रेखा से ये समतल गुजरते हैं, उसे पुंज का **अक्ष** कहते हैं।

किसी भी सरल रेखा और उसके बाहर के एक बिंदु से एक और सिर्फ एक तल (समतल) गुजरता है।

दो सरल रेखाओं से समतल गुजारना हमेशा संभव नहीं है। ऐसी दो सरल रेखाएं, जिनसे समतल गुजारना संभव नहीं हैं [अर्थात् जो एक समतल पर नहीं हैं], **कुटिल रेखाएं** कहलाती हैं।

उदाहरण. कमरे की एक दीवार पर खींची गयी क्षैतिज सरल रेखा और सामने की दीवार पर खींची गयी उदग्र सरल रेखा कुटिल रेखाएं हैं।

कुटिल रेखाओं को कितना भी क्यों न बढ़ाया जाये, वे कभी एक दूसरे को काटती नहीं हैं, पर उन्हें समांतर रेखाएं नहीं कहते हैं।

समांतर रेखाएं ऐसी दो सरल रेखाओं को कहते हैं, जो एक-दूसरे को काटती नहीं हैं, और एक ही समतल पर स्थित होती हैं (तुलना करें § 150 से)।

समांतर तथा कुटिल रेखाओं के बीच स्पष्ट अंतर यह है कि समांतर रेखाओं की दिशाएं समान [एक ही ओर या परस्पर विपरीत ओर] होती हैं, पर कुटिल रेखाओं की दिशाएं भिन्न होती हैं।

एक समांतर रेखा के सभी बिंदु दूसरी के बिंदुओं से समान लांबिक दूरी पर रहते हैं, लेकिन एक कुटिल रेखा के बिंदु दूसरी के बिंदुओं से असमान दूरी पर होते हैं [समांतर रेखाओं के किसी भी बिंदु से उनका सामूहिक लंब खींचा जा सकता है, अतः समांतर रेखाओं पर लंबों के सापेक्ष सानुरूप बिंदु होते हैं; कुटिल रेखाओं के साथ ऐसी बात नहीं है]।

दो *व्यतिकट* रेखाओं से होकर एक और सिर्फ एक समतल गुजारा जा सकता है [एक-दूसरे को काटने वाली रेखाओं को **व्यतिकट रेखाएं** कहेंगे। समांतर और कुटिल रेखाएं **अव्यतिकट** हैं]।

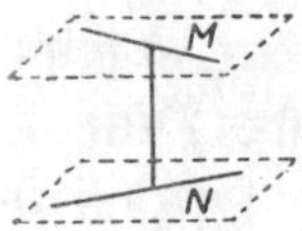

चित्र 153

दो कुटिल **रेखाओं की आपसी दूरी** उनके निकटतम बिंदुओं M तथा N को मिलाने वाला कर्त MN है (चित्र 153)। सरल रेखा MN दोनों कुटिल रेखाओं पर सामूहिक लंब है।

समांतर रेखाओं की दूरी उसी तरह निर्धारित होती है, जैसे तलमिति में। व्यतिकट रेखाओं की आपसी दूरी शून्य के बराबर है।

दो समतल एक-दूसरे को काटते हैं (तो सरल रेखा पर ही), या एक-दूसरे को नहीं काटते हैं। अव्यतिकट समतल **समांतर समतल** कहलाते हैं।

सरल रेखा और समतल भी या तो एक-दूसरे को काटते हैं (एक बिंदु पर) या एक-दूसरे को नहीं काटते हैं; दूसरी स्थिति में कहते हैं कि *सरल रेखा समतल के साथ समांतर* है (या समतल समांतर है सरल रेखा के साथ)।

कोण

दो व्यतिकट रेखाओं के बीच का कोण उसी तरह से नापा जाता है, जैसे तलमिति में (क्योंकि इन रेखाओं से होकर एक समतल खींचा जा सकता है)। दो *समांतर रेखाओं के बीच का कोण* शून्य (या 180°) माना जाता है (दे. § 150)।

दो कुटिल रेखाओं AB और CD (चित्र 154)* के बीच का कोण निम्न विधि से निर्धारित होता है: किसी भी बिंदु O से किरण $OM \parallel AB$ और $ON \parallel CD$ खींचते हैं। AB और CD के बीच का कोण $\angle NOM$ के बराबर माना जायेगा। अन्यतः, AB और CD में से प्रत्येक को स्वयं के समांतर तब तक खिसकाते हैं, जब तक वे एक दूसरे को किसी बिंदु O पर काटें नहीं।

* **सरल रेखा** AB (या CD) **की दिशा** मनचाहे ढंग से निर्धारित की जा सकती है: A से B की ओर या B से A की ओर (C से D की ओर या D से C की ओर)। प्रथम स्थिति में सरल रेखा को AB से द्योतित करते हैं और दूसरी स्थिति में BA से।

विशेष स्थिति में बिंदु O दोनों में से एक सरल रेखा (AB या CD) पर भी लिया जा सकता है (यह रेखा स्थिर रहेगी)।

समतल P को बिंदु O पर काटने वाली रेखा AB समतल P पर खींची गयी रेखाओं OC, OD, OE के साथ *सामान्यतया* भिन्न-भिन्न कोण बनाती है (कोण AOC, AOD, AOE; चित्र 155)। पर यदि वह ऐसी किन्हीं दो सरल रेखाओं (यथा OE, OD) के साथ लंब है, तो वह बिंदु O से गुजरने वाली सभी सरल रेखाओं (जैसे OC) के साथ लंब होगी। इस स्थिति में (चित्र 156) रेखा AB को समतल P पर **लंब** कहते हैं और समतल P को रेखा AB पर लंब कहते हैं।

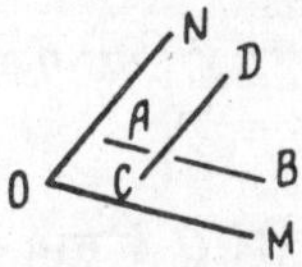

चित्र 154

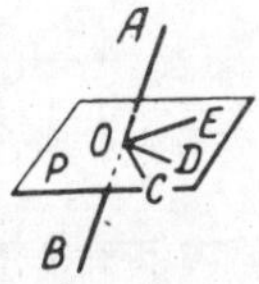

चित्र 155

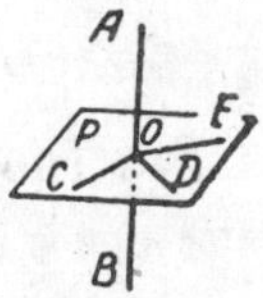

चित्र 156

ऋजकोणिक प्रक्षेप. *समतल P पर बिंदु A का ऋजकोणिक प्रक्षेप* (या सिर्फ प्रक्षेप) बिंदु A से समतल P पर खींचे गये लंब AC के आधार-बिंदु C को कहते हैं; *कर्त AB का समतल P पर प्रक्षेप कर्त* CD है, जिसके सिरे कर्त AB के सिरों के प्रक्षेप हैं (चित्र 157)।

प्रक्षेपण ज्यामितिक अन्वीक्षण की एक महत्त्वपूर्ण विधि है (दे. § 164)। प्रक्षेपण की सहायता से ही सरल रेखा और समतल के बीच का कोण निर्धारित करते हैं।

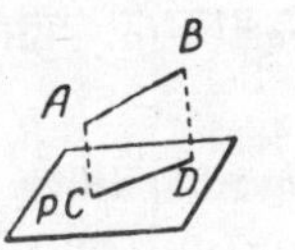

चित्र 157

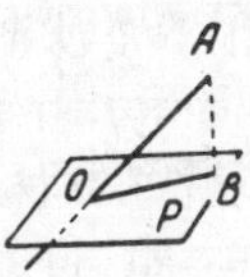

चित्र 158

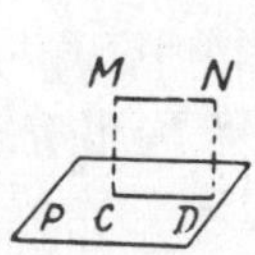

चित्र 159

सरल रेखा OA और समतल P के बीच का कोण ऐसे कोण को कहते हैं, जो OA और समतल P पर उसके प्रक्षेप OB से बनता है (चित्र 158 में $\angle AOB$)। यदि सरल रेखा MN किसी समतल P के समांतर है (चित्र

159), तो वह अपने प्रक्षेप *CD* के भी समांतर है, और *MN* तथा समतल *P* के बीच का (तीछ) कोण शून्य के बराबर माना जाता है।

एक सरल रेखा *CD* (चित्र 160) से निसृत दो अर्ध समतल *P* तथा *Q* से बनी आकृति **दुफलकी कोण** कहलाती है। सरल रेखा *CD* को दुफलकी कोण का अक्ष कहते हैं। समतल *P* और *Q* कोण के फलक कहलाते हैं।

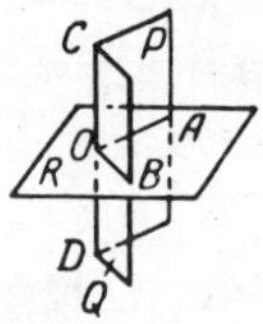

चित्र 160

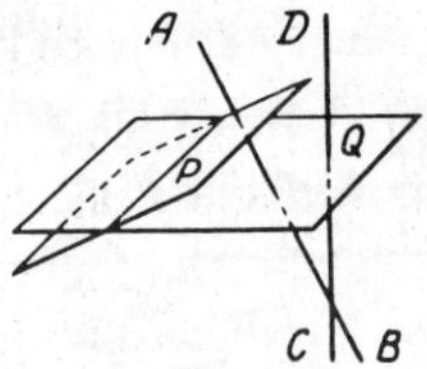

चित्र 161

दुफलकी कोण के अक्ष पर लंब तल *R* फलक *P* और *Q* के साथ की कटान-रेखाओं से कोण *AOB* बनाता है, जिसे दुफलकी कोण का **रैखिक कोण** कहते हैं।

दुफलकी कोण की माप के रूप में उसके रैखिक कोण का मान प्रयुक्त होता है। पर "दुफलकी कोण की माप 30° है" की बजाय हम कहते हैं : "दुफलकी कोण 30° के वराबर है"।

जिस प्रकार तलमिति में "दो सरल रेखाओं के बीच के कोण" की बात चलती थी, उसी प्रकार यहां अक्सर "दो समतलों के बीच के कोण" की बात चलती है। यहां कोण से तात्पर्य है समतलों से बने चार कोणों में से कोई एक कोण (सामान्यतया न्यून कोण)।*

दो समांतर समतलों के बीच का कोण शून्य माना जाता है, प्रत्यक्ष अर्थ में यहाँ कोई कोण नहीं है।

एक दूसरे के साथ समकोण (ऋजकोण) बनाने वाले समतल लंब कहलाते हैं।

समतल *P* और *Q* के साथ क्रमश: लंब सरल रेखा *AB* और *CD* के बीच का कोण *P* और *Q* से बने कोण के बराबर होता है (चित्र 161)। अत:

* सम्मुख और आसन्न कोणों की परिभाषाएं वैसी ही हैं, जैसी सरल रेखाओं के लिए होती हैं। सम्मुख कोण बराबर होते हैं; आसन्न कोण मिलकर 180° का कोण बनाते हैं।

समतल P और Q के बीच के कोण की माप एक और विधि से निर्धारित कर सकते हैं—सरल रेखा AB और CD से बने कोण की माप के रूप में।

प्रक्षेप

समतल पर सिर्फ सरल रेखा ही नहीं, कोई भी रेखा प्रक्षिप्त कर सकते हैं; यह रेखा पूर्णतः एक ही समतल पर स्थित हो भी सकती है, या नहीं भी। मान लें कि $ABCDE$ (चित्र 162) कोई रेखा है (वक्र या टूटी)। इस रेखा पर किसी बिंदु पर अविराम खिसकाते जायें। जब यह बिंदु क्रमशः A, B, C, D आदि स्थितियों पर पहुंचेगा, उसके प्रक्षेप (§ 162) क्रमशः a, b, c, d आदि होंगे। चूंकि बिंदु की गति अविराम (सतत, बिना छलांग लगाये) संपन्न होती है, इसलिए उसकी विभिन्न स्थितियों के प्रक्षेप एक सतत रेखा *abcde* बनायेंगे। *रेखा ABCDE पर गतिमान बिंदु के प्रक्षेपों द्वारा निरूपित रेखा abcde को रेखा ABCDE का प्रक्षेप कहते हैं।*

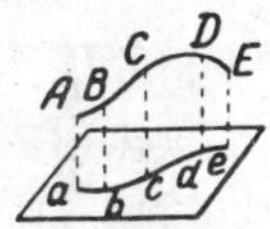

चित्र 162

प्रक्षेप का रूप प्रक्षेप्य रेखा पर पूर्णतः निर्भर करता है, पर प्रक्षेप का रूप प्रक्षेप्य रेखा का रूप निर्धारित नहीं करता। लेकिन यदि दो [असमांतर] समतलों पर किसी रेखा $ABCDE$ के प्रक्षेप ज्ञात हों, तो उनके सहारे सरल रेखा $ABCDE$ का रूप निर्धारित किया जा सकता है (सिर्फ कुछ अपवाद-जनक स्थितियों में ही यह संभव नहीं होता)। यह तथ्य **निरूपक ज्यामिति** का मूल आधार है; निरूपक ज्यामिति में ज्यामितिक आकृतियों का अध्ययन दो परस्पर लंब समतलों पर उनके प्रक्षेपों की सहायता से होता है।

समतल पर रेखा के प्रक्षेपण से उसका रूप बदल जाता है। यथा, यदि समतल P पर वृत्त प्रक्षिप्त किया जाये, जिसका तल Q तल P के साथ समांतर नहीं है (चित्र 163), तो प्रक्षेप में वृत्त की जगह अंडे जैसी एक आकृति मिलेगी जिसे **एलिप्स** (दीर्घ या लमड़ा हुआ वृत्त) कहते हैं।

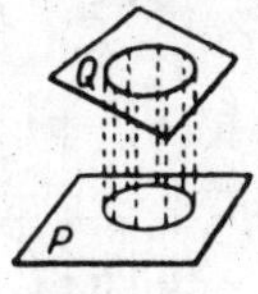

चित्र 163

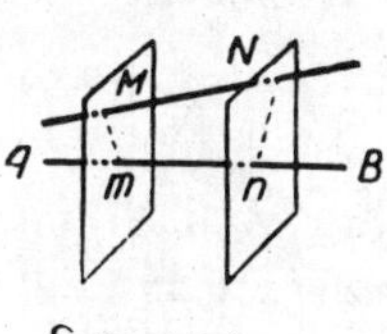

चित्र 164

यदि तल Q पर स्थित संवृत रेखा (जिसके सिरे एक बिंदु पर मिलते हैं) तल P पर प्रक्षिप्त होता है तो प्रक्षेप में घिरा क्षेत्र S_1 प्रक्षेप्य आकृति से घिरे क्षेत्र S के साथ निम्न सूत्र द्वारा संबंधित होता है :

$$S_1 = S \cos \alpha,$$

जहां α तल P तथा Q के बीच का कोण है।

कर्त AB की लंबाई a भी (चित्र 157 में) तल P पर अपने प्रक्षेप CD की लंबाई a_1 के साथ इसी तरह के सूत्र से संबंधित है।

$$a_1 = a \cos \alpha,$$

जहां α रेखा AB और तल P के बीच का कोण है।

अक्सर बिंदुओं और कर्तों को सरल रेखा पर भी प्रक्षिप्त करते हैं (ऐसी सरल रेखा को **प्रक्षेप का अक्ष** कहते हैं)।

मान लें कि AB एक सरल रेखा है और M कोई बिंदु है (चित्र 164)। M से रेखा AB के लंब एक समतल खींचते हैं, मान लें कि यह समतल AB को बिंदु m पर काटता है। बिंदु m को *बिंदु M का रेखा AB पर प्रक्षेप* कहते हैं।

सरल रेखा AB पर कर्त MN के सिरों M व N के प्रक्षेप क्रमशः बिंदु m और n मिलते हैं; इनसे घिरा हुआ कर्त सरल रेखा AB पर कर्त MN का प्रक्षेप है।*

कर्त MN की लंबाई a अपने प्रक्षेप mn की लंबाई a_1 के साथ निम्न सूत्र से संबंधित है :

$$a_1 = a \cos \alpha,$$

जहां α रेखा MN और AB के बीच का कोण है।

सरल रेखा पर कर्तों के प्रक्षेपों को भी ठीक उसी तरह बीजगणितीय राशि मान सकते हैं, जैसे समतलीय प्रक्षेपण में माना गया था (दे. § 149)। इस स्थिति में तलमिति की तरह ही प्रमेय प्राप्त होता है : *टूटी रेखा की कड़ियों के प्रक्षेपों का योगफल रेखा के सिरों को मिलाने वाले कर्त के प्रक्षेप के बराबर होता है।*

---

* ध्यान दें कि Mm और Nn रेखा AB पर लंब हैं, पर सामान्य स्थिति में उनका समांतर होना कोई जरूरी नहीं है; वे कुटिल होते हैं, यदि रेखा MN और AB कुटिल होती हैं।

बहुफलकी कोण

यदि किसी बिंदु O से (चित्र 165) कई समतल AOB, BOC, COD आदि खींचे जायें, जो एक-दूसरे को क्रमशः OB, OC, OD आदि पर काटते हैं (अंतिम समतल AOE प्रथम समतल को रेखा OA पर काटता है), तो प्राप्त आकृति को **बहुफलकी कोण** कहते हैं। बिंदु O को बहुफलकी कोण का **शीर्ष** कहते हैं।

बहुफलकी कोण बनाने वाले समतलों को कोण का **फलक** कहते हैं; फलक जिन रेखाओं पर एक-दूसरे को क्रम से काटते हैं, उन्हें कोण का **अस्र** कहते हैं। कोण AOB, BOC आदि **समतली कोण** कहलाते हैं।

बहुफलकी कोण में फलकों की अल्पतम संख्या तीन है (**तिफलकी कोण** में, चित्र 166)। तिफलकी कोण में प्रत्येक समतली कोण बाकी दो के योग से कम होता है और उनके अंतर से अधिक होता है।

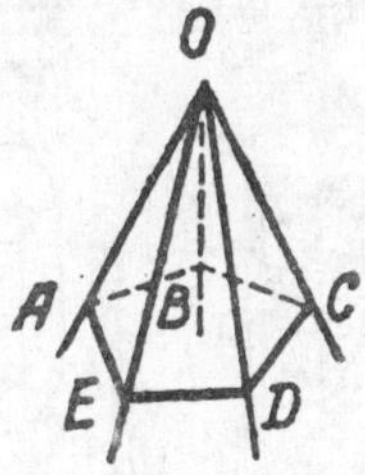

चित्र 165

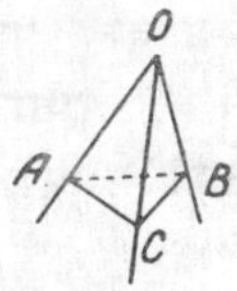

चित्र 166

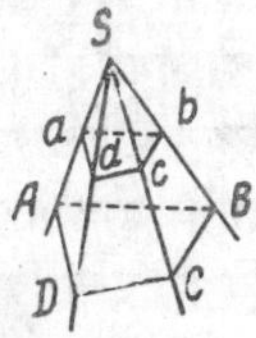

चित्र 167

बहुफलकी कोण का किसी समतल के साथ काट एक बहुभुज होता है (बशर्ते कि समतल प्रत्त कोण के शीर्ष से नहीं गुजरता हो); दे. चित्र 165 में बहुभुज $ABCDE$।* यदि यह उत्तल बहुभुज है, तो बहुफलकी कोण भी उत्तल कहलाता है। *उत्तल बहुफलकी कोण में सभी समतली कोणों का योगफल 360° से अधिक नहीं होता।*

समांतर समतलों द्वारा बहुफलकी कोण के अस्र समानुपाती कर्तों में विभक्त होते हैं (चित्र 167 में $SA : Sa = SB : Sb$ आदि) और समरूप बहुभुज बनाते हैं।

* सरल ज्यामिति में सिर्फ ऐसे बहुफलकी कोणों पर विचार किया जाता है, जिनमें परिरेखा $ABCDE$ अस्वकट होती है (स्वयं को नहीं काटती है)। सरल बहुफलकी कोण व्योम का एक भाग विलग करता है; इसे भी बहुफलकी कोण ही कहते हैं। बहुफलकी कोण नापने के बारे में देखें, § 174।

बहुफलक. प्रिज्म, समांतर षटफलक, पिरामिड

समतलों के टुकड़ों (बहुभुजों) से घिरे पिंड को **बहुफलक** कहते हैं। इन बहुभुजों को **फलक** कहते हैं; उनकी भुजाओं को **अस्र** (किनारी) कहते हैं; उनके शीर्षों को बहुफलक के **शीर्ष** कहते हैं।

किन्हीं दो शीर्षों को मिलाने वाले कर्त को (यदि वह किसी फलक पर स्थित नहीं है) बहुफलक का **कर्ण** कहते हैं। जिस बहुफलक के सभी कर्ण पूर्णतया उसके भीतर होते हैं, इसे **उत्तल बहुफलक** कहते हैं।

प्रिज्म (चित्र 168). प्रिज्म एक बहुफलक है, जिसमें दो तुल्य फलकों *ABCDE* और *abcde* (प्रिज्म के आधार) की सानुरूप भुजाएं परस्पर समांतर होती हैं, और बाकी फलक (*AabB, BbcC* आदि) समांतर चतुर्भुज होते हैं, जिनके तल किसी एक सरल रेखा (*Aa* या *Bb* या *Cc* आदि) के समांतर होते हैं। समांतर चतुर्भुज *ABba, BCcb* आदि **पार्श्विक फलक** कहलाते हैं। अस्र *Aa, Bb* आदि **पार्श्विक अस्र** कहलाते हैं। प्रिज्म की **ऊंचाई** लंब *Mm* को कहते हैं, जो एक आधार के किसी भी बिंदु से दूसरे आधार के तल तक खींचा गया हो। आधार त्रिभुज होने पर प्रिज्म को तिकोण प्रिज्म कहते हैं, आधार चतुर्भुज होने पर प्रिज्म को चौकोण प्रिज्म कहते हैं, इत्यादि।

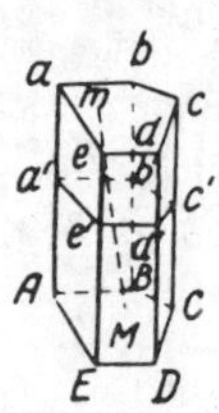

चित्र 168

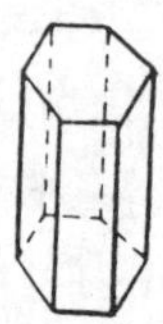
चित्र 169

यदि प्रिज्म के पार्श्विक अस्र आधार के तल पर लंब होते हैं, तो प्रिज्म को **ऋजु** कहते हैं, अन्यथा **तिर्यक** कहते हैं। चित्र 168 में तिर्यक पचकोण प्रिज्म दिखाया गया है और चित्र 169 में ऋजु षट्कोण प्रिज्म दिखाया गया है।

प्रिज्म का लांबिक काट *a'b'c'd'e'* उसके पार्श्विक अस्र के साथ लंब समतल द्वारा बना हुआ काट है (चित्र 168)।

प्रिज्म की पार्श्विक सतह, अर्थात् सभी पार्श्विक फलकों के क्षेत्रफलों का योग लांबिक काट की परिमिति p' और पार्श्विक अस्र की लंबाई l का गुणनफल है :

$$S_{par} = p'l.$$

ऋजु प्रिज्म के लिए लांबिक काट उसका आधार होता है और पार्श्विक अस्र उसकी ऊंचाई h होता है, अत:

$$S_{par} = ph.$$

प्रिज्म का आयतन लांबिक काट के क्षेत्रफल S' और पार्श्विक अस्त्र की लंबाई l का गुणनफल है :

$$V=S'l,$$

या आधार का क्षेत्रफल S गुणा ऊँचाई h है, अर्थात्

$$V=Sh.$$

समांतर छेफलक ऐसा प्रिज्म है, जिसका आधार कोई समांतर चतुर्भुज होता है (चित्र 170); इस प्रकार, समांतर छेफलक में छ: फलक होते हैं और सभी समांतर चतुर्भुज होते हैं। आमने-सामने के फलक परस्पर बराबर और समांतर होते हैं। समांतर छेफलक में छः कर्ण होते हैं और सभी एक बिंदु पर

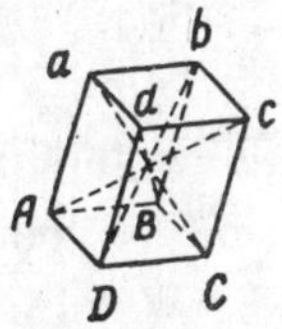

चित्र 170

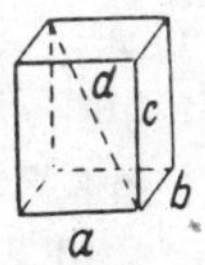

चित्र 171

व्यतिकट होते हैं; यह बिंदु प्रत्येक कर्ण को आधा करता है। आधार के रूप में किसी भी फलक को लिया जा सकता है; आयतन आधार का क्षेत्रफल गुणा ऊँचाई है :

$$V=Sh.$$

समांतर छेफलक, जिसके चारों पार्श्विक फलक आयत हैं, **ऋजु** समांतर छेफलक कहलाता है।

ऋजु समांतर छेफलक, जिसके सभी छ: फलक आयत होते हैं, **ऋजकोणिक** कहलाता है (चित्र 171)। ऋजु समांतर छेफलक का आयतन V आधार के क्षेत्रफल S और उसकी ऊँचाई h का गुणनफल है :

$$V=Sh.$$

ऋजकोणिक समांतर छेफलक के लिए इसके अतिरिक्त एक और सूत्र है :

$$V=abc,$$

जहां a, b, c उसके अस्त्र [परस्पर लंब अस्त्र] हैं।

ऋजकोणिक समांतर छेफलक का कर्ण d उसके अस्त्रों के साथ निम्न सूत्र द्वारा संबंधित है :

$$d^2=a^2+b^2+c^2.$$

ऋजुकोणिक समांतर छेफलक, जिसके सभी फलक वर्ग होते हैं, एक **घन** कहलाता है। घन के सभी अस्त्र बराबर होते हैं; घन का आयतन है :

$V = a^3$, जहां a घन का अस्त्र है।

पिरामिड ऐसे बहुफलक को कहते हैं, जिसमें एक **फलक**—पिरामिड का आधार— कोई बहुभुज (जैसे चित्र 172 में $ABCDE$) होता है और बाकी—**पार्श्विक फलक**—एक सामूहिक शीर्ष S वाले त्रिभुज होते हैं; S को पिरामिड का **शीर्ष** कहते हैं। शीर्ष से आधार पर खींचा गया लंब SO पिरामिड की **ऊँचाई** है। पिरामिड का जैसा आधार होता है (त्रिभुज, चतुर्भुज आदि), पिरामिड का नाम भी वैसा ही होता है (तिकोण पिरामिड, चौकोण पिरामिड आदि)। तिकोण पिरामिड चतुर्फलक होता है, चौकोण पिरामिड पंचफलक होता है, आदि।

यदि पिरामिड का आधार कोई नियमित बहुभुज होता है और उसकी उँचाई आधार के केंद्र से गुजरती है, तो उसे **नियमित पिरामिड** कहते हैं (चित्र 173)। नियमित पिरामिड में सभी पार्श्विक अस्त्र बराबर होते हैं; सभी पार्श्विक फलक तुल्य समद्विबाहु त्रिभुज होते हैं। पार्श्विक फलक की ऊँचाई SF पिरामिड का **दूरक** कहलाती है।

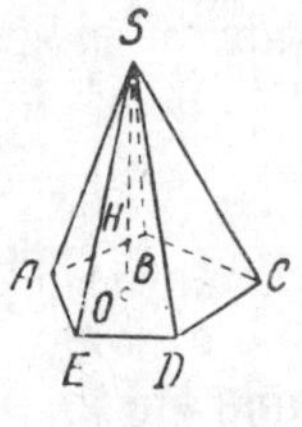

चित्र 172

चित्र 173

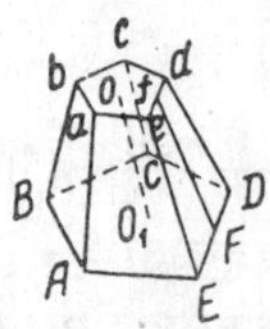

चित्र 174

नियमित पिरामिड की **पार्श्विक सतह** S_{pa}, अर्थात् उसके पार्श्विक फलकों के क्षेत्रफलों का योगफल, आधार की अर्ध परिमिति $\frac{1}{2}p$ और दूरक a का गुणनफल है :

$$S_{pa} = \frac{1}{2} pa$$

किसी भी पिरामिड का **आयतन** एक बटा तीन आधार का क्षेत्रफल ($\frac{1}{3}S$) गुणा ऊँचाई (h) है :

$$V = \frac{1}{3} Sh.$$

यदि पिरामिड के आधार $ABCDE$ (चित्र 174) के समांतर एक काट $abcde$ लगायी जाये तो आधार, इस काट और पार्श्विक फलकों से घिरा हुआ

पिंड **उच्छेदित पिरामिड** कहलाता है। उच्छेदित पिरामिड के समांतर फलक उसके आधार कहलाते हैं; उनके बीच की दूरी (OO_1) उसकी ऊँचाई कहलाती है। उच्छेदित पिरामिड **नियमित** कहलाता है, यदि वह नियमित पिरामिड के उच्छेदन से प्राप्त होता है। नियमित पिरामिड के सभी पार्श्विक फलक तुल्य समपार्श्वी त्रापेस होते हैं। पार्श्विक फलक की ऊँचाई Ff नियमित उच्छेदित पिरामिड का **दूरक** कहलाती है।

नियमित उच्छेदित पिरामिड की **पार्श्विक सतह** आधारों की परिमितियों का अर्धयोगफल गुणा दूरक होती है:

$$S_{pa}=\frac{1}{2}(p_1+p_2)\ a,$$

जहां p_1, p_2 आधारों की परिमितियां हैं और a दूरक है।

किसी भी उच्छेदित पिरामिड का आयतन V एक बटा तीन ऊँचाई में ऊपरी और निचले आधारों के क्षेत्रफलों और उनके समानुपाती औसत के योगफल से गुणा करने पर प्राप्त होता है:

$$V=\frac{1}{3}h\ (S_1+\sqrt{S_1S_2}+S_2),$$

जहाँ $S_1=ABCDE$ का क्षेत्रफल, $S_2=abcde$ का क्षेत्रफल, $h=$ऊँचाई OO_1।

विशेष स्थिति : नियमित चौकोण उच्छेदित पिरामिड का आयतन V निम्न सूत्र से व्यक्त होता है :

$$V=\frac{1}{3}\ h\ (a^2+ab+b^2),$$

जहां a और b आधारों पर स्थित वर्गों की भुजाएं हैं।

बेलन

बेलनकर सतह ऐसी सतह को कहते हैं, जो किसी प्रत्त रेखा MN के अनुतीर सरल रेखा AB की गति से बनती है; दे. चित्र 175 [AB की गति ऐसी होती है कि उसकी क्रमिक स्थितियाँ परस्पर समांतर रहती हैं]। रेखा MN को **प्रवर्तक** कहते हैं; सरल रेखाएं, जो सरल रेखा AB की विभिन्न स्थितियों के अनुरूप होती हैं, बेलनकर सतह की **निमित्त** कहलाती हैं।

संवृत (जिसके सिरे आपस में मिले हुए हैं) प्रवर्तक रेखा वाली बेलनकर सतह और दो परस्पर समांतर समतलों से घिरे पिंड को **बेलन** कहते हैं (चित्र 176)। समांतर समतलों के वे भाग, जो बेलन को घेरते हैं; बेलन के **आधार** कहलाते हैं (चित्र 176 में $ABCDE$ और $abcde$)। आधारों के बीच की दूरी बेलन की **ऊँचाई** कहलाती है (चित्र 176 में MN)।

प्रिज्म बेलन का विशिष्ट रूप है (निमित्त पार्श्विक अस्त्रों के साथ समांतर हैं; प्रवर्तक रेखा आधार पर स्थित कोई बहुभुज है) ।

दूसरी ओर से, किसी भी बेलन को अवजात (कोने पर चिकना गोल किया हुआ) प्रिज्म के रूप में देख सकते हैं; जिसे असंख्य संकीर्ण पार्श्विक तलों से बना हुआ माना जा सकता है । ऐसे प्रिज्म और बेलन में कोई व्यावहारिक अन्तर नहीं होता । प्रिज्म के सभी गुण बेलन में सुरक्षित रहते हैं (दे. नीचे) ।

ऋजु बेलन की निमित्त रेखाएं आधार के साथ लंब होती हैं; यदि वे आधार के साथ लंब नहीं हैं, तो **तिर्यक बेलन** मिलता है । वृत्ताकार आधार वाले बेलन को गोल बेलन कहते हैं । ऋजु गोल बेलन (चित्र 177) को नियमित प्रिज्म का अवजनन मान सकते हैं । दैनंदिन जीवन में काम आने वाली अनेक वस्तुओं का रूप ऋजु गोल बेलन जैसा होता है (पाइप, बेलना, आदि-आदि) । ऋजु गोल बेलन आयत को किसी भुजा के गिर्द घूर्णित करने पर भी प्राप्त हो सकता है, इसलिए ऋजु गोल बेलन को **घूर्णन का बेलन** भी कहते हैं ।

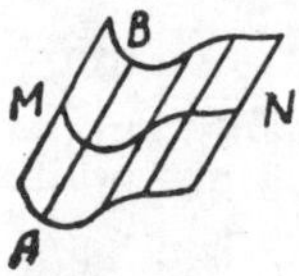

चित्र 175

गोल बेलन में पार्श्विक सतह के काट (जो आधार के साथ समांतर हैं) समान त्रिज्या वाली परिधियां हैं (यथा, चित्र 177 में *ABCD*) । निमित्त रेखाओं के समांतर काट से समांतर रेखाओं (*EF* और *EG*) की जोड़ी मिलती है । जो काट न तो आधार के समांतर होते हैं न निमित्त रेखाओं के, वे एलिप्स होते हैं (दे. § 164) ।

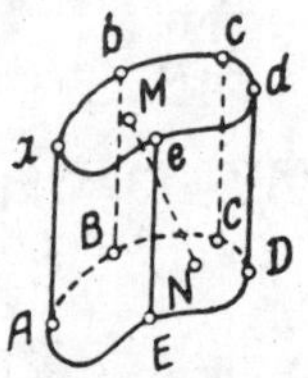

चित्र 176

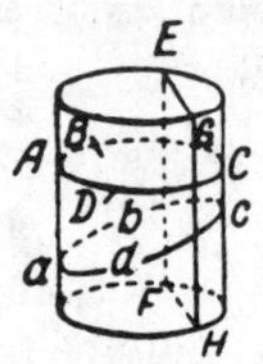

चित्र 177

बेलन की पार्श्व सतह निमित्त में लांबिक काट की परिमिति से गुणा करने पर मिलती है । ऋजु बेलन में ऐसा काट उसका आधार होता है और ऊँचाई उसकी निमित्त रेखा होती है । इसलिए ऋजु गोल बेलन की **पार्श्विक सतह** आधार की परिधि और बेलन की ऊँचाई का गुणनफल है :

$$S_{pa} = 2\pi rh.$$

किसी भी बेलन का **आयतन** आधार का क्षेत्रफल गुणा ऊँचाई है :

$$V = Sh.$$

ऋजु गोल बेलन के लिए

$$V = \pi r^2 h \qquad (r - \text{आधार की त्रिज्या}).$$

कोन (शंकु)

सदैव एक स्थिर बिंदु से गुजरने वाली सरल रेखा *AB* (चित्र 178) जब किसी प्रत्त रेखा *MN* पर चलती है, तो उसकी गति से बनी सतह **कोनिक सतह** कहलाती है।*

रेखा *MN* को **प्रवर्तक** कहते हैं; सरल रेखाएं, जो *AB* की विभिन्न स्थितियों के अनुरूप होती हैं, कोनिक सतह की **निमित्त** (रेखाएं) कहलाती हैं। बिंदु *S* कोनिक सतह का **शीर्ष** है।

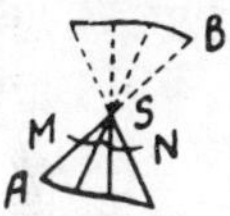

चित्र 178

कोनिक सतह के दो खंड होते हैं; एक खंड किरण *SB* द्वारा निरूपित होता है और दूसरा किरण *SA* द्वारा। कोनिक सतह से तात्पर्य अक्सर किसी एक खंड से होता है।

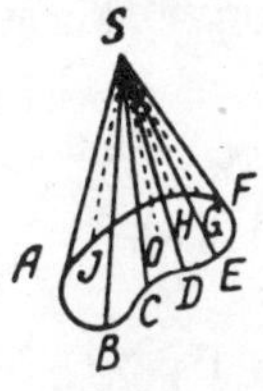

चित्र 179

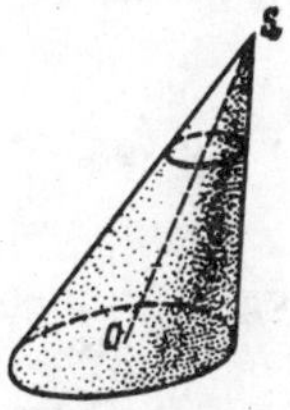

चित्र 180

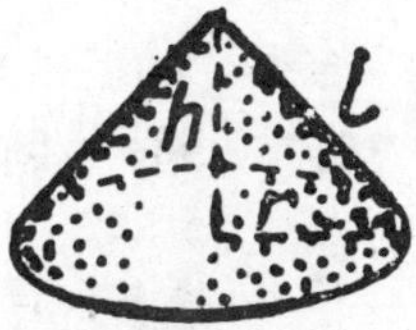

चित्र 181

कोन ऐसे पिंड को कहते हैं, जो संवृत प्रवर्तक वाली कोनिक सतह के एक खंड और एक समतल (चित्र 179 में *ABCDEFGHJ*) द्वारा घिरा होता है; यह समतल शीर्ष *S* से नहीं गुजरता और सभी निमित्त रेखाओं को काटता है। इस समतल का वह भाग, जो कोनिक सतह से घिरा होता है, कोन का **आधार** कहलाता है। शीर्ष से आधार तक खींचा गया लंब *SO* कोन की **ऊँचाई** है।

पिरामिड कोन का ही एक विशिष्ट रूप है, जिसमें प्रवर्तक का काम किसी बहुभुज की परिरेखा करती है।

कोन को **गोल** कोन कहते हैं, जब उसका आधार वृत्त होता है (चित्र 180)।

---

* सरल ज्यामिति में सिर्फ ऐसी कोनिक सतहों पर विचार किया जाता है, जो स्वयं को नहीं काटती।

आधार के केंद्र और कोन के शीर्ष को मिलाने वाली रेखा को कोन का **अक्ष** कहते हैं। यदि अक्ष वृत्ताकार आधार के साथ लंब होता है या यदि गोल कोन की ऊँचाई का पाद-बिंदु आधार के केंद्र पर होता है, तो इसे **ऋजु गोल कोन** कहते हैं (चित्र 181)। ऋजु गोल कोन ऋजकोणिक त्रिभुज को किसी संलंब के गिर्द घूर्णन देने से प्राप्त होता है, इसलिए ऋजु गोल कोन को **घूर्णन का कोन** भी कहते हैं।

आधार के समांतर गुजरते समतल द्वारा गोल कोन का काट वृत्त होता है (चित्र 180)।

आधार के साथ असमांतर समतलों द्वारा कोन का काट देखें § 169 में।

ऋजु गोल कोन की **पार्श्विक सतह** आधार की अर्ध परिधि C गुणा निमित्त l है :

$$S_{pa}=\frac{1}{2}Cl=\pi rl \quad (r=\text{आधार की त्रिज्या}).$$

किसी भी कोन का आयतन आधार के क्षेत्रफल का एक बटा तीन गुणा ऊँचाई होता है :

$$V=\frac{1}{3}Sh.$$

ऋजु गोल कोन के लिए

$$V=\frac{1}{3}Sh=\frac{1}{3}\pi r^2h.$$

कोनिक काट

किसी भी गोल कोन की पार्श्विक सतहों को विभिन्न समतलों से काटने पर जो रेखाएं मिलती हैं, उन्हें **कोनिक काट** कहते हैं। इसके लिए कोनिक सतह को शीर्ष के दोनों ओर अनंत विस्तृत मानते हैं।

यदि कर्तक तल कोनिक सतह के सिर्फ एक खंड को काटता है और किसी भी निमित्त रेखा के साथ समांतर नहीं है (चित्र 182), तो कोनिक काट एक एलिप्स (§ 164) होता है। कुछ अपवादजनक स्थितियों में एलिप्स वृत्त की परिधि में परिणत हो जाता है।*

यदि कर्तक तल कोनिक सतह के सिर्फ एक खंड को काटता है और किसी एक निमित्त रेखा के साथ समांतर होता है (चित्र 183), तो काट के रूप में एक असीम (एक तरफ से असीम) रेखा मिलती है, जिसे **परवलय** कहते हैं।

* उदाहरणार्थ, ऋजु गोल कोन म आधार के सामंतर सभी काट वृत्ताकार होते हैं।

यदि कर्तक तल कोनिक सतह के दोनों खंडों को काटता है (चित्र 184), तो काट के रूप में प्राप्त रेखा को **अतिवलय** कहते हैं; इसकी दो असीम शाखाएं होती हैं। विशेष स्थितिः जब कर्तक तल कोन के अक्ष के साथ समांतर होता है, तब भी अतिवलय मिलता है।

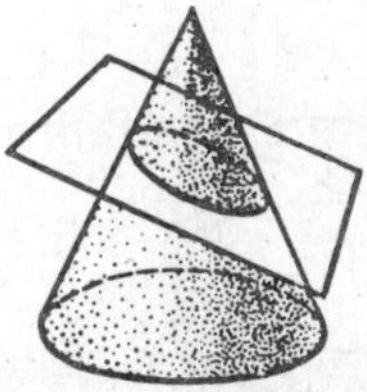

चित्र 182

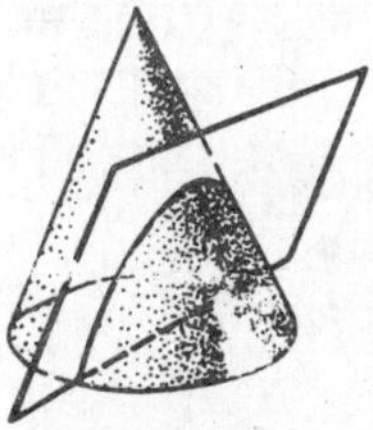

चित्र 183

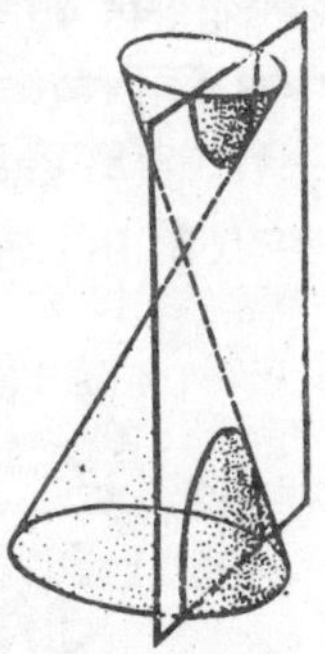

चित्र 184

कोनिक काटों का सैद्धांतिक और व्यावहारिक दोनों ही दृष्टियों से बहुत महत्त्व है। यथा, तकनीक में एलिप्सी दाँतदार चक्के और परवलयी प्रोजेक्टर प्रयुक्त होते हैं; ग्रह और कुछेक धूमकेतु एलिप्साकार पथ पर घूमते हैं; कुछ धूमकेतुओं का पथ परवलयी या अतिवलयी होता है।

कोनिक काटों के प्रमुख गुणों का वर्णन वैश्लेषिक ज्यामिति की सभी पुस्तकों में अनिवार्य है।

वर्तुल (गोला)

वर्तुलाकार सतह व्योम के ऐसे बिंदुओं का ज्यामितिक स्थान है, जो किसी स्थिर बिंदु से समान दूरी रखते हैं; इस स्थिर बिंदु को वर्तुलाकार सतह का **केंद्र** कहते हैं (चित्र 185 में बिंदु O)। वर्तुलाकार सतह की त्रिज्या OE और उसका व्यास EG उसी तरह से परिभाषित होते हैं, जैसे परिधि की त्रिज्या और व्यास (§ 153)।

वर्तुलाकार सतह से घिरे पिंड को **वर्तुल** *कहते हैं।*

वृत्त (या अर्ध वृत्त) को किसी व्यास के गिर्द घूर्णन देने से वर्तुल प्राप्त हो सकता है।

समतल के साथ वर्तुल का कोई भी काट एक वृत्त होता है (जैसे चित्र 185 में *ABCD*)। कर्तक समतल जैसे-जैसे वर्तुल के केंद्र के निकट आता है, काट से प्राप्त वृत्त का व्यास बढ़ता जाता है। सबसे बड़ा वृत्त *EFGH* वर्तुल के केंद्र *O* से गुजरने वाले समतल के काट से मिलता है। ऐसा वृत्त **वृहत वृत्त** कहलाता है; वह वर्तुल और उसकी सतह को दो बराबर भागों में बाँटता है। वृहत वृत्त की त्रिज्या वर्तुल की त्रिज्या के बराबर होती है।

कोई भी दो वृहत वृत्त एक-दूसरे को वर्तुल के व्यास (चित्र 186 में *AB*) पर काटते हैं; यही व्यास व्यतिकट वृत्तों का भी व्यास होता है।

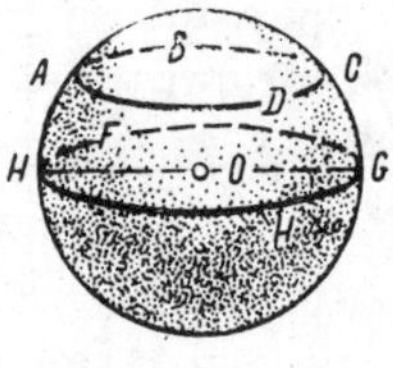

चित्र 185

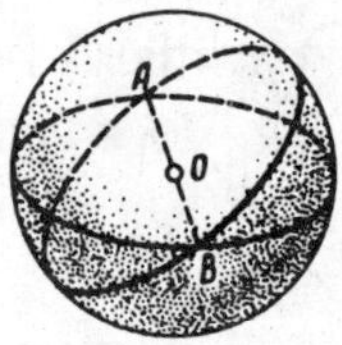

चित्र 186

वर्तुलाकार सतह के दो बिंदुओं से, जो वर्तुल के किसी एक व्यास के सिरों पर स्थित होते हैं, असंख्य वृहत परिधियाँ खींची जा सकती हैं (जैसे पृथ्वी के ध्रुवों से याम्योत्तर रेखाएं खींची जाती हैं)। दो बिंदुओं से, जो एक व्यास के सिरों पर नहीं स्थित हैं, वर्तुलाकार सतह पर सिर्फ एक वृहत परिधि खींची जा सकती है।

वर्तुलाकार सतह पर दो बिंदुओं के बीच की दूरी इन बिंदुओं से गुजरने वाली वृहत परिधि का छोटा वाला चाप है।

वर्तुल की सतह का क्षेत्रफल वृहत वृत्त के क्षेत्रफल का चौगुना होता है।

$$S=4\pi R^2 \text{ (}R=\text{वर्तुल का व्यास).}$$

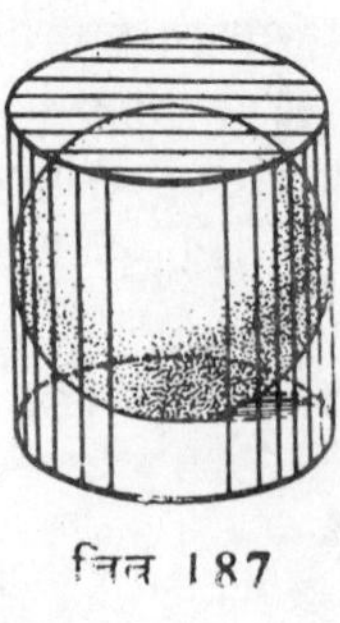

चित्र 187

वर्तुल का आयतन ऐसे पिरामिड का आयतन है, जिसके आधार का क्षेत्रफल वर्तुलाकार सतह के क्षेत्रफल के बराबर है और जिसकी ऊँचाई वर्तुल की त्रिज्या के बराबर है :

$$V=\frac{1}{3}\ RS=\frac{4}{3}\ \pi R^3.$$

वर्तुल का आयतन उस पर परीत बेलन (चित्र 187) के आयतन से डेढ़ गुना कम होता है और वर्तुल की सतह उसी बेलन की पूर्ण सतह से डेढ़ गुनी कम

होती है (आर्किमेडिस का प्रमेय) :

$$S=\frac{2}{3}S_1,$$
$$V=\frac{2}{3}V_1,$$

जहां S_1 व V_1 चित्र 187 में दर्शित परीत बेलन की पूर्ण सतह और उसका आयतन है।

वर्तुली बहुभुज

वर्तुली बहुभुज ऐसी आकृति को कहते हैं, जो वृहत वृत्तों के चापों की संवृत कतार से घिरी होती है; कोई भी चाप वृहत वृत्त की अर्ध परिधि से बड़ा नहीं होना चाहिए। चित्र 188 में एक वर्तुली पंचभुज दिखाया गया है।

चाप *AB*, *BC* आदि वर्तुली बहुभुज की **भुजाएं** हैं; बिंदु *A*, *B*, *C* आदि उसके **शीर्ष** हैं।

वर्तुली बहुभुज उत्तल होता है, यदि उसकी हर भुजा के लिए निम्न शर्त पूरी होती है : जिस वृहत परिधि पर यह भुजा स्थित है, उसके द्वारा विभाजित दो अर्ध वर्तुलों में से प्रत्त बहुभुज को *सिर्फ* एक में होना चाहिए। चित्र 188 में बहुभुज *ABCDE* उत्तल है। चित्र 189 में बहुभुज $\angle MNP$ अवतल है, क्योंकि *NM* से गुजरने वाली वृहत परिधि द्वारा बने दोनों अर्ध वर्तुलों में $\angle MNP$ के भाग स्थित हैं। *NP* से गुजरने वाली अर्ध परिधि के भी दोनों ओर $\angle MNP$ के भाग उपस्थित होंगे।

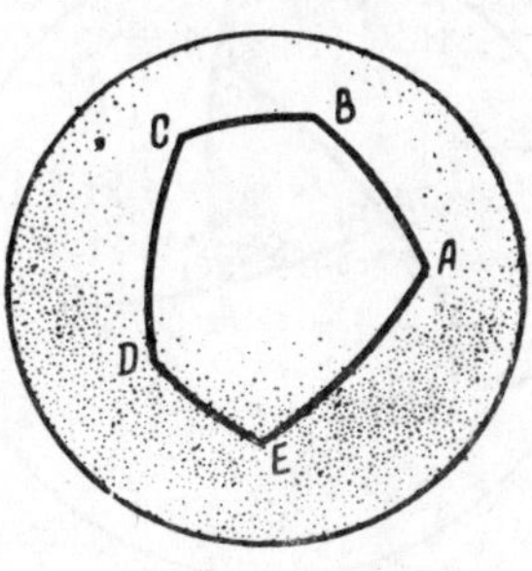

चित्र 188

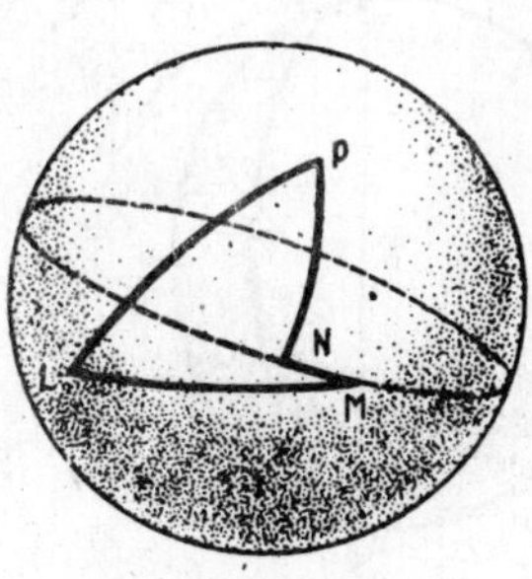

चित्र 189

टिप्पणी. सरल ज्यामिति में सिर्फ सरल वर्तुली बहुभुजों पर विचार होता है, अर्थात ऐसे बहुभुजों का अध्ययन होता है, जिसकी परिरेखा स्वयं को नहीं

काटती। कोई भी सरल बहुभुज अर्ध वर्तुल को दो क्षेत्रों में बाँटता है। इनमें से एक को आंतरिक मानते हैं और दूसरे को बाह्य। यदि दोनों क्षेत्रों के क्षेत्रफल असमान हैं, तो छोटे वाले को आंतरिक मानते हैं और बड़े वाले को बाह्य मानते हैं।

वर्तुली बहुभुज का आंतरिक कोण (जैसे चित्र 190 में β से द्योतित कोण ABC) भुजा BA और BC को बिंदु B पर स्पर्श करने वाली रेखाओं BA' तथा BC' से बने रैखिक कोण के रूप में नापा जाता है। रैखिक कोण $A'BC'$ की जगह इसके द्वारा नापा जाने वाला दुफलकी कोण भी ले सकते हैं, जिसका अक्ष त्रिज्या OB है और फलक हैं—वृहत परिधियों BA तथा BC के समतल क्रमशः OBA' तथा OBC'।

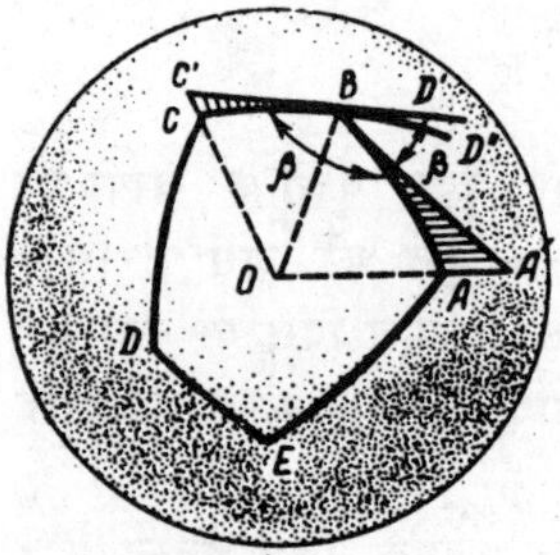

चित्र 190

इसी तरह से, वर्तुली बहुभुज का **बाह्य कोण** (जैसे चित्र 190 में β' से द्योतित कोण $D''BA$) रैखिक कोण $D'BA'$ या तदनुरूप दुफलकी कोण के रूप में नापा जाता है। किसी भी शीर्ष पर बने बाह्य तथा आंतरिक कोणों का योगफल $180°$ के बराबर, अर्थात् π रेडियन होता है।

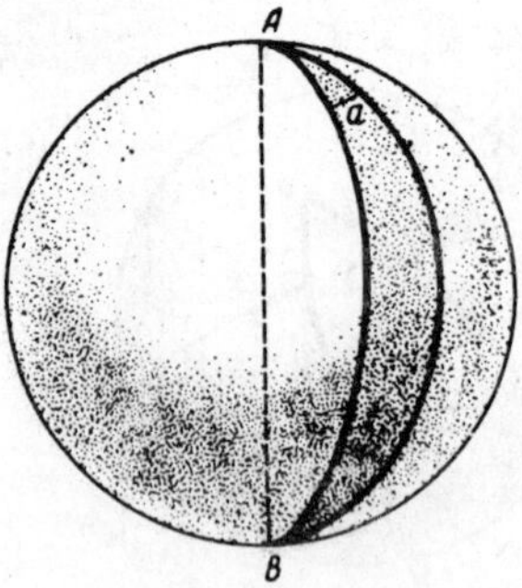

चित्र 191

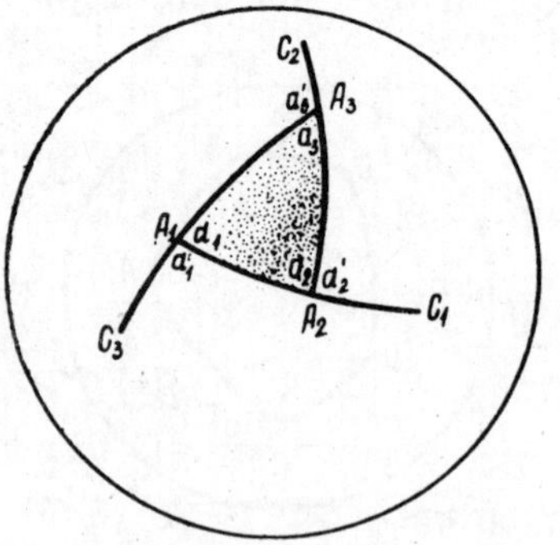

चित्र 192

समतली बहुभुज तीन से कम भुजाओं द्वारा नहीं बन सकता। वर्तुली बहुभुज दो भुजाओं वाला भी होता है। चित्र 191 में एक वर्तुली द्विभुज दिखाया गया है; इसके आंतरिक कोण α तथा β परस्पर बराबर हैं।

दुभुज का क्षेत्रफल निम्न सूत्र से व्यक्त होता है :

$$S = 2R^2\alpha,$$

जहां R=वर्तुल की त्रिज्या, α=दुभुज का आंतरिक कोण (रेडियन में व्यक्त)।

उदाहरण. समकोण के बराबर आंतरिक कोण वाले दुभुज का क्षेत्रफल $2R^2 \cdot \frac{\pi}{2} = \pi R^2$ है, अर्थात् वर्तुल की सतह का चौथाई (या बृहत वृत्त के बराबर)।

वर्तुली त्रिभुजों में आंतरिक कोणों का योगफल $180°$ से हमेशा अधिक होता है; त्रिभुज का क्षेत्रफल इस योगफल और $180°$ के अंतर के साथ समानुपाती होता है, अर्थात् यदि त्रिभुज के आंतरिक कोण $\alpha_1, \alpha_2, \alpha_3$ रेडियन हैं (चित्र 192), तो

$$S = R^2 (\alpha_1 + \alpha_2 + \alpha_3 - \pi). \quad (1)$$

वर्तुली त्रिभुज के बाह्य कोणों का योगफल हमेशा $360°$ से कम होता है। यदि $\alpha_1', \alpha_2', \alpha_3'$ त्रिभुज के बाह्य कोण हैं, तो

$$S = R^2 [2\pi - (\alpha_1' + \alpha_2' + \alpha_3')]. \quad (2)$$

यह सूत्र किसी भी वर्तुली बहुभुज पर लागू होता है :

$$S = R^2 [2\pi - (\alpha_1' + \alpha_2' + \ldots + \alpha_n')]$$

अर्थात् वर्तुली बहुभुज का क्षेत्रफल 2π के साथ वाह्य कोणों के योगफल के अंतर के साथ समानुपाती होता है।

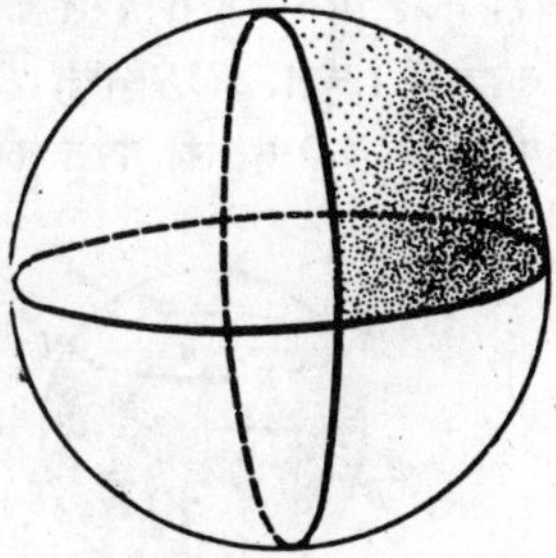

चित्र 193

उदाहरण. तीन परस्पर लंब वृहत वृत्तों से बने वर्तुली त्रिभुज पर गौर करें (चित्र 193)। इसके आंतरिक कोणों का योगफल $\frac{3\pi}{2}$ है। सूत्र (1) से :

$$S = \frac{1}{2} \pi R^2.$$

यदि यह ध्यान में रखा जाये कि प्रत्त त्रिभुज वर्तुलाकार सतह का $\frac{1}{8}$ भाग है, तो भी यही परिणाम मिलेगा (तुलना करें, § 170 से)।

प्रत्त त्रिभुज के बाह्य कोणों का भी योग $\frac{3\pi}{2}$ के बराबर है। सूत्र 2 के अनुसार पुनः

$$S = \frac{1}{2} \pi R^2.$$

§ 172. वर्तुल के अंग

वर्तुल का किसी समतल (जैसे चित्र 194 में *ABCD*) से उच्छेदित भाग **वर्तुलखंड** कहलाता है।

वर्तुलखंड का **आधार** वृत्त *ABCD* कहलाता है। वर्तुलखंड की **ऊँचाई** आधार के केंद्र *N* से वर्तुल की सतह तक खींचे गये लंब की लंबाई को कहते हैं। *M* को वर्तुलखंड का **शीर्ष** कहते हैं।

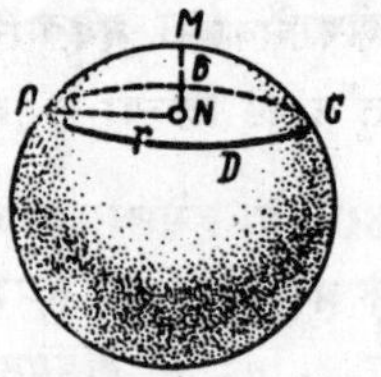

चित्र 194

वर्तुल खंड की **वक्र सतह** वर्तुल की वृहत परिधि और वर्तुलखंड की ऊँचाई का गुणनफल है :

$S=2\pi Rh$ (*R* वर्तुल की त्रिज्या, *h*= वर्तुलखंड की ऊँचाई)।

वर्तुलखंड का **आयतन** निम्न सूत्र से व्यक्त होता है :

$$V=\pi h^2(R-\tfrac{1}{3}h), \text{ या}$$

$$V=\tfrac{1}{6}\pi h(h^2+3r^2),$$

जहाँ r=वर्तुलखंड के आधार की त्रिज्या।

वर्तुल का दो समांतर कर्तक समतलों (चित्र 195 में *ACB* और *DFE*) से घिरा हुआ भाग **वर्तुली परत** कहलाता है। वर्तुली परत की वक्र सतह को **कटि** कहते हैं। वृत्त *ACB* तथा *DFE* वर्तुली परत के दो **आधार** हैं, जिनके बीच की दूरी *NO* वर्तुली परत की **ऊँचाई** (या **मोटाई**) है।

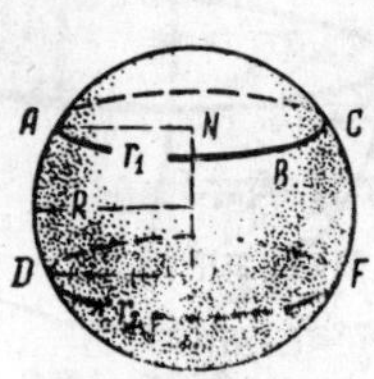

चित्र 195

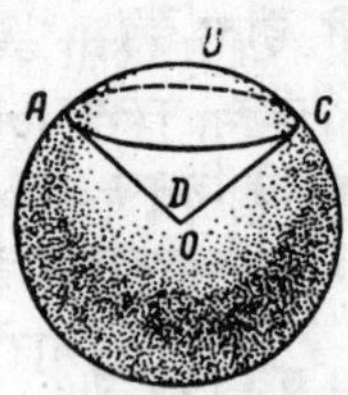

चित्र 196

वर्तुली परत की वक्र सतह (कटि) का क्षेत्रफल *S* उसकी ऊँचाई $h=NO$ और वर्तुल के वृहत वृत्त की परिधि का गुणनफल है :

$$S=2\pi Rh.$$

वर्तुली परत का **आयतन** निम्न सूत्र से ज्ञात होता है :

$$V=\tfrac{1}{6}\pi h^3+\tfrac{1}{2}\pi(r_1^2+r_2^2)h,$$

जहाँ r_1 व r_2 आधारों की त्रिज्याएं हैं।

वर्तुल का वह भाग, जो वर्तुलखंड की वक्र सतह (चित्र 196 में AC) और कोनिक सतह ($OABCD$) से घिरा होता है, **वर्तुलांश** कहलाता है (वर्तुलखंड AC और कोन $OABCD$ का आधार $ABCD$ सामूहिक है)।

वर्तुलांश की सतह का क्षेत्रफल वर्तुलखंड और कोन की वक्र सतहों के क्षेत्रफलों को जोड़ने से मिलता है।

वर्तुलांश का **आयतन** ऐसे पिरामिड का आयतन है, जिसके आधार का क्षेत्रफल वर्तुलाकार सतह के वर्तुलांश द्वारा काट कर निकाले गये भाग के क्षेत्रफल S के बराबर होता है और जिसकी ऊँचाई वर्तुल की त्रिज्या के बराबर होती है :

$$V=\frac{1}{3}RS=\frac{2}{3}\pi R^2h,$$

जहां h=वर्तुलांश में स्थित वर्तुलखंड की ऊँचाई है।

वर्तुल, बेलन और कोन का स्पर्शक तल

किसी वक्र रेखा (जैसे वृत्त की परिधि) के छोटे-से चाप AB की जगह छोटे-से कर्त AT का भी उपयोग किया जा सकता है, जो चाप AB के बिंदु A पर स्पर्शक है (चित्र 197)। इससे त्रुटि नगण्य होगी। इसी तरह हम कहते हैं कि एक स्थान से दूसरे स्थान तक रास्ता बिल्कुल सीधा है; पर वास्तव में यह रास्ता वक्र होता है, वह पृथ्वी के गोले पर खींची गई वृहत परिधि का एक चाप होता है।

चित्र 197

ठीक इसी तरह से किसी वक्र (उदाहरणार्थ, वर्तुलाकार) सतह के छोटे-से भाग की जगह बिना किसी विशेष त्रुटि के स्पर्शक तल के छोटे-से भाग को काम में ला सकते हैं; यह ऐसा समतल है जिसका स्पर्श-बिंदु के गिर्द एक लघु भाग वक्र तल के लघु भाग से कोई खास भिन्न नहीं होता। यह तथ्य ही इस बात का कारण है कि लोग हजारों वर्षों तक पृथ्वी को चौरस मानते आ रहे थे।

पहले (§ 153 में) स्पर्शक रेखा की शुद्ध परिभाषा जिस प्रकार से दी गयी थी, उसी तरह से यहाँ स्पर्शक तल (समतल) की भी शुद्ध परिभाषा दी जा सकती है। वहां हम ने वक्र रेखा के दो बिंदुओं A और B पर विचार किया था, जिनमें से एक को दूसरी की ओर गतिशील माना गया था; वहाँ यह बताया गया था कि सरल रेखा AB एक सीमांत (चरम) स्थिति की ओर प्रवृत्त

होती है। अब किसी वक्र तल (जैसे वर्तुलाकार सतह) पर *तीन बिंदु* A, B, C लेते हैं (चित्र 198); इनसे एक कर्तक समतल P गुजारते हैं। दो बिंदुओं B और C को दो *भिन्न दिशाओं से* बिंदु A की ओर गतिशील करते हैं। इस प्रक्रिया में समतल P किसी चरम स्थिति Q की ओर प्रवृत्त होता है। समतल Q की स्थिति इस बात पर निर्भर नहीं करती कि बिंदु B और C कहाँ लिये गये थे और A की ओर किस प्रकार से गतिशील थे। समतल Q को बिंदु A पर स्पर्शक तल कहते हैं।*

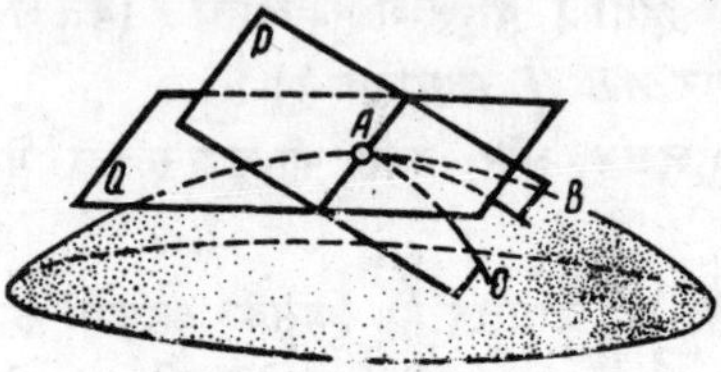

चित्र 198

किसी सतह के तीन बिंदुओं A, B, C में से A की ओर B और C के गतिशील होने पर इनसे गुजरने वाला कर्तक समतल जिस समतल की ओर प्रवृत्त होता है, उसे उस सतह का बिंदु A पर **स्पर्शक तल** कहते हैं। *यह भी संभव है कि सतह के किसी बिंदु A पर स्पर्शक तल हो ही नहीं।* यथा, कोनिक सतह के शीर्ष पर स्पर्शक तल नहीं होता।

वर्तुलाकार सतह का स्पर्शक तल Q (चित्र 199) स्पर्श-बिंदु A से खींची गई त्रिज्या OA पर लंब होता है; *वर्तुलाकार सतह और उसके स्पर्शक तल का सिर्फ एक सामूहिक बिंदु होता है, जिस पर दोनों एक-दूसरे को स्पर्श करते हैं।*

अंतिम गुण को अक्सर वर्तुल के स्पर्शक तल की परिभाषा के रूप में भी प्रयुक्त करते हैं, पर यह परिभाषा सिर्फ वर्तुल के लिए ही काम आयेगी; अन्य सतहों, विशेषकर बेलन और कोन की सतहों के लिए स्पर्शक तल की यह परिभाषा गलत होगी। ऊपर दी गयी परिभाषा सभी प्रकार की सतहों के स्पर्शक तल के लिए सही है।

---

* यह मांग कि B और C भिन्न दिशाओं से बिंदु A की ओर गतिशील हों, बहुत महत्त्व रखती है। यदि, उदाहरण के लिए, दो यात्री एक ही याम्योत्तर पर (या दो भिन्न याम्योत्तरों पर, जो एक-दूसरे को बढ़ाने पर प्राप्त होती हैं) उत्तरी ध्रुव की ओर चल रहे हैं, तो ध्रुव A और यात्रियों B और C से गुजरने वाला समतल हर वक्त याम्योत्तर के समतल के साथ ही संपात करता रहेगा और इसलिए वह स्पर्शक तल की ओर भी नहीं प्रवृत्त होगा; वह जैसा कर्तक समतल था, वैसा ही कर्तक समतल बना रहेगा। उपरोक्त मांग को निम्न शब्दों में व्यक्त किया जा सकता है: **चाप AC तथा AB के कटान-बिंदु A पर उनकी स्पर्शक रेखाएं अवश्य ही भिन्न होनी चाहिए।**

ऋजु गोल बेलन का *बिंदु* A *पर स्पर्शक तल* Q (चित्र 200) बिंदु A से गुजरने वाली निमित्त रेखा MN और आधार की परिधि के बिंदु N (जो MN

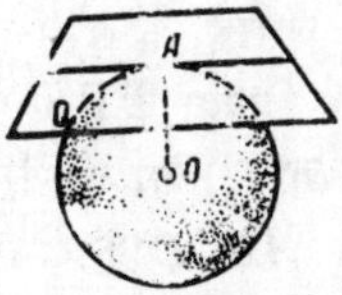

चित्र 199

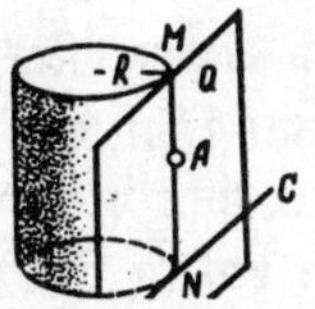

चित्र 200

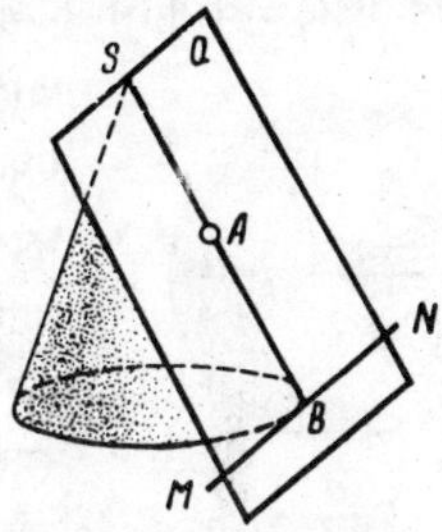

चित्र 201

पर है) की स्पर्शक रेखा BC से होकर गुजरता है। ऋजु गोल बेलन की सतह का स्पर्शक तल उसके अक्ष के सभी बिंदुओं से दूरी R पर स्थित होता है, जहाँ R बेलन की त्रिज्या है।

ऋजु गोल कोन की सतह का बिंदु A *पर स्पर्शक तल* Q (चित्र 201) बिंदु A से गुजरने वाली निमित्त रेखा SB और आधार की परिधि की बिंदु B पर स्पर्शक रेखा MN से गुजरता है (बिंदु A शीर्ष के साथ संपात नहीं करता, और बिंदु B निमित्त SB पर है)।

बेलन को प्रिज्म में अंतरित हुआ कहते हैं, यदि प्रिज्म का हर फलक बेलन का स्पर्शक तल होता है और बेलन तथा प्रिज्म के आधार एक ही समतल पर होते हैं। *बेलन को प्रिज्म पर परीत* हुआ कहते हैं, यदि दोनों के आधार एक ही समतल पर होते हैं और प्रिज्म का हर अस्त्र बेलन की निमित्त रेखा होती है।

कोन में *अंतरित पिरामिड* या *कोन पर परीत पिरामिड* की परिभाषाएं भी इसी प्रकार से दी जाती हैं।

ठोस कोण

संवृत प्रवर्तक वाली कोनिक सतह (§ 168) के एक खंड से घिरे व्योम के भाग को ठोस कोण कहते हैं। जिस तरह समतल पर दो रेखाओं से बने कोण का क्षेत्र असीम विस्तृत होता है, उसी तरह ठोस कोण के भीतर का क्षेत्र असीम विस्तृत होता है (कल्पना करें एक अनंत दोने की)।

बहुफलकी कोण (§ 165) ठोस कोण के विशिष्ट रूप हैं (पिरामिडी सतह कोनिक सतह का विशिष्ट रूप है)।

जिस प्रकार दो सरल रेखाओं के बीच का कोण वृत्त के चाप द्वारा नापा जाता है, उसी प्रकार ठोस कोण वर्तुलाकार सतह के टुकड़े से नापा जाता है। इसके लिए ठोस कोण के शीर्ष S से किसी भी त्रिज्या की एक वर्तुलाकार सतह खींचते हैं। इस सतह पर ठोस कोण बनाने वाली सतह एक भाग $ABCD$ अलग करती है (चित्र 202)। इस भाग का क्षेत्रफल त्रिज्या की लंबाई के साथ-साथ घटता-बढ़ता रहेगा, पर किसी एक त्रिज्या के लिए पूरी वर्तुलाकार सतह में इस भाग ($ABCD$) का अंश स्थिर रहता है। इसलिए ठोस कोण को $ABCD$ के क्षेत्रफल और वर्तुलाकार सतह के क्षेत्रफल के व्यतिमान के रूप में मापा जा सकता है। दो सरल रेखाओं के बीच का कोण भी इसी तरह से नापा जा सकता है—कोण के बीच स्थित चाप (जिसका केंद्र कोण के शीर्ष पर है) और उसी त्रिज्या वाले वृत्त की परिधि के व्यतिमान द्वारा (तब हम कहते : "पूर्ण चक्कर का कोण", "चौथाई चक्कर का कोण", "तिहाई चक्कर का कोण" आदि)।

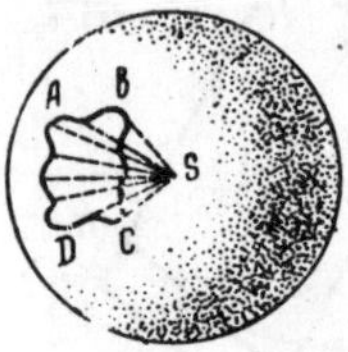

चित्र 202

पर व्यवहार में ठोस कोण को नापने के लिए $ABCD$ के क्षेत्रफल और वर्तुल की त्रिज्या पर बने वर्ग के क्षेत्रफल के व्यतिमान का उपयोग होता है (इस वर्ग का क्षेत्रफल R^2 वर्तुलाकार सतह के क्षेत्रफल का समानुपाती है)। ठोस कोण की यह माप-विधि सरल रेखाओं के बीच के कोण को रेडियन (§ दे. 182) में नापने के सदृश है।

इस प्रकार, शीर्ष S वाले ठोस कोण की माप α शीर्ष S को केंद्र मानकर खींची गयी मनचाही त्रिज्या की वर्तुलाकार सतह पर प्रत ठोस कोण द्वारा काटे गये भाग का क्षेत्रफल और ली गयी त्रिज्या के वर्ग का व्यतिमान है :

$$\alpha = \frac{\text{क्षेत्रफल } ABCD}{R^2}$$

उदाहरण 1. तीन परस्पर लंब समतलों (जैसे कमरे में दो दीवारों और फर्श) से बना ठोस पिंड $\pi/2$ के बराबर होता है। सचमुच में, यदि ऐसे कोण के शीर्ष S से कोई वर्तुलाकार सतह खींची जाये, तो प्राप्त वर्तुल की सतह पर 1/8 भाग अलग हो जायेगा (चित्र 203), क्योंकि तीन पर-

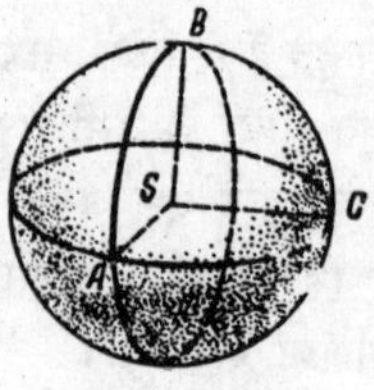

चित्र 203

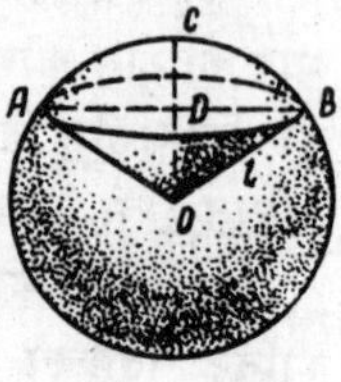

चित्र 204

स्पर लंब समतल वर्तुल को 8 बराबर भागों में बाँटते हैं (कल्पना करें कि ग्लोब के याम्योत्तरों से दो परस्पर लंब समतल गुजर रहे हैं और तीसरा समतल विष्वक से गुजर रहा है; इससे ग्लोब के 8 टुकड़े मिलेंगे); इसलिए एक भाग का क्षेत्रफल $4\pi R^2 : 8 = \frac{\pi R^2}{2}$ होगा; इसका त्रिज्या R^2 के साथ व्यतिमान $\frac{\pi}{2}$ के बराबर होगा।

उदाहरण 2. गोल कोन के शीर्ष पर स्थित ठोस कोण ज्ञात करें, यदि कोन की ऊँचाई आधार की त्रिज्या के बराबर है।

कोन के शीर्ष से उसकी निमित्त रेखा l के बराबर त्रिज्या वाला वर्तुल खींचते हैं (चित्र 204)। कोन की ऊँचाई OD को l में व्यक्त किया जा सकता है : $OD = \frac{l\sqrt{2}}{2}$; वर्तुलखंड ABC की ऊँचाई $CD = l - \frac{l\sqrt{2}}{2}$ है; ठोस पिंड द्वारा काटी गयी वर्तुली सतह इस वर्तुलखंड की वक्र सतह के बराबर है (§ 172) :

$$2\pi l \cdot CD = 2\pi l^2 \left(1 - \frac{\sqrt{2}}{2}\right)$$

अतः ठोस कोण की नाप है :

$$2\pi \left(1 - \frac{\sqrt{2}}{2}\right).$$

ठोस कोण नापने की इकाई ऐसा ठोस कोण है जो उसके शीर्ष को केंद्र मान कर खींचे गये वर्तुल की सतह पर त्रिज्या के वर्ग जितना क्षेत्रफल काटता है। ऐसे ठोस पिंड को एक स्टेरेडियन कहते हैं।

नियमित बहुफलक

नियमित बहुफलक के सभी फलक तुल्य नियमित बहुभुज होते हैं और उसके हर शीर्ष पर समान संख्या में अस्र संसृत होते हैं।

परस्पर विषमरूप नियमित बहुभुज असंख्य हैं, पर परस्पर विषमरूप नियमित बहुफलकों की संख्या बहुत सीमित है। *उत्तल नियमित बहुफलक* सिर्फ पांच हो सकते हैं (इनके अतिरिक्त चार अवतल नियमित बहुफलक भी हैं) :

1. चतुर्फलक (चित्र 205);
2. षटफलक (चित्र 206), यह और कुछ नहीं एक घन है;
3. अष्टफलक (चित्र 207);
4. द्वादशफलक (चित्र 208);
5. विंशफलक (चित्र 209).

चित्र 205

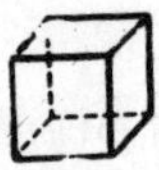
चित्र 206

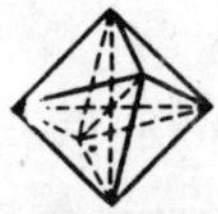
चित्र 207

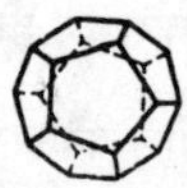
चित्र 208

चित्र 209

[ऊपर दिये गये नाम नियमित बहुफलकों के हैं; तदनुरूप मनचाहे बहुफलकों के नाम क्रमशः चौफलक, छफलक, अठफलक, बारहफलक, बीसफलक रखे जा सकते हैं]।

निम्न सारणी में उत्तल नियमित बहुफलकों की विशेषताएं दी गयी हैं (a एक अस्र की लंबाई है) :

	एक फलक में भुजाओं की संख्या	एक शीर्ष पर संसृत अस्रों की संख्या	फलकों की संख्या	शीर्षों की संख्या	अस्रों की संख्या	सतह (xa^2)	आयतन (xa^3)
1. चतुर्फलक	3	3	4	4	6	1.73	0.12
2. षट्फलक	4	3	6	8	12	6.00	1
3. अष्टफलक	3	4	8	6	12	3.46	0.47
4. द्वादशफलक	5	3	12	20	30	20.64	7.66
5. विंशफलक	3	5	20	12	30	8.66	2.18

हर नियमित बहुफलक में वर्तुल अंतरित किया जा सकता है; हर नियमित बहुफलक पर वर्तुल परीत किया जा सकता है।

§ 176. सममिति

सममिति एक यूनानी शब्द **symmetria** का हिन्दी अनुवाद है, जिसका अर्थ 'संतुलित अनुपात' और इससे उत्पन्न 'सुन्दरता' है। विस्तृत अर्थ में यह शब्द पिंड या आकृति की आंतरिक संरचना में विद्यमान किसी भी तरह की नियमितता ('सुडौलपन') को व्यक्त करता है। विभिन्न प्रकार की सममितियों का अध्ययन ज्यामिति की एक बहुत बड़ी और महत्त्वपूर्ण शाखा है, जो प्रकृति-विज्ञान और तकनीक के अनेक क्षेत्रों से गहरा संबंध रखती है; कपड़े पर बेल-बूटों की छपाई से लेकर द्रव्य की सूक्ष्म बनावट तक की समस्याओं को हल करने में इसकी सहायता ली जाती है।

सममिति के सरलतम प्रकार निम्न तीन हैं :

1. दर्पणी सममिति से हमारा परिचय दैनंदिन प्रेक्षणों से होता रहता है। जैसा कि नाम से ही स्पष्ट है, दर्पणी सममिति किसी वस्तु और उसके दर्पणी बिंब के बीच संबंध स्थापित करती है। ज्यामिति में दर्पणी सममिति की परिभाषा निम्न है : *समतल P* (दर्पण या **सममिति के समतल**) *के मापेक्ष सममित आकृति उस आकृति को कहते हैं, जिसमें हर बिंदु E के अनुरूप एक ऐसा बिंदु E' (बिंब) उपस्थित रहता है कि कर्त EE' समतल P पर लंब होता है और समतल P द्वारा समद्विभाजित होता है।*

कहते हैं कि आकृति (या पिंड) दर्पणतः सममित है, यदि आकृति (या पिंड) को दो सममित भागों में बाँटने वाला कोई समतल अपना अस्तित्व रखता है। चित्र 210 में रेखा ABC रेखा $AB'C$ के साथ सममित है; दायाँ हाथ बायें हाथ के साथ सममित है।

चित्र 210

इस बात पर ध्यान देना महत्त्वपूर्ण है कि परस्पर सममित पिंड एक-दूसरे के साथ संपात नहीं करते, वे एक-दूसरे का स्थान नहीं ले सकते। बायें हाथ का दस्ताना दायें हाथ के काम नहीं आता।

सममित आकृतियां बिल्कुल समान-सी लगती हैं, पर उनमें बहुत अंतर होता है। यह आप दर्पण के पास किसी किताब के खुले पृष्ठ को रखकर देख ले सकते हैं; दर्पण में दिखने वाले पृष्ठ को पढ़ना सरल काम नहीं होगा।

सममित वस्तुओं को संकीर्ण अर्थ में बराबर नहीं कह सकते। उन्हें **दर्पणतः समतुल्य** कह सकते हैं। दर्पणतः समतुल्य सामान्यतया ऐसे पिंडों (आकृतियों) को कहते हैं, जिन्हें एक-दूसरे के सापेक्ष इधर-उधर खिसका कर एक दर्पणतः सममित पिंड (आकृति) बनाया जा सके।

2. केंद्रपरक सममिति. आकृति (या पिंड) को केंद्र O के सापेक्ष सममित तब कहते हैं, जब इस आकृति (पिंड) में हर बिंदु E के सापेक्ष इसी आकृति (पिंड) में एक ऐसा बिंदु A भी होता है कि कर्त EA बिंदु C से गुजरता है और बिंदु C पर समद्विभाजित होता है (चित्र 211)। बिंदु C को **सममिति-केंद्र** कहते हैं। आकृति $ABCDE$ दो त्रिभुजों ABC तथा EDC (चित्र 211) से बनी हुई है, जिनमें सानुरूप भुजाएं बराबर हैं और एक दूसरे को बढ़ाने पर प्राप्त होती हैं (DE और AB को छोड़ कर) अतः आकृति $ABCDE$ केंद्रपरक सममित है और इसमें एक सममिति-केंद्र C है। किन्हीं भी दो सानुरूप बिंदुओं के बीच दो तुल्य कर्त पड़े होते हैं (जैसे A और E के बीच AC और CE)। केंद्रपरक सममिति रखने वाले पिंड के दोनों अर्धों में सानुरूप कोण भी तुल्य होते हैं। दर्पणी सममिति वाले पिंडों की तरह ही केंद्रपरक सममिति वाले पिंड को भी एक अर्ध की जगह दूसरे अर्ध को नहीं रखा जा सकता। यही नहीं, केंद्रपरक सममिति वाले पिंड के एक अर्ध को सममिति-केंद्र से गुजरने वाले किसी भी अक्ष के गिर्द 180° का घूर्णन देने पर वह दूसरे अर्ध के साथ दर्पणी सममिति रखने लगता है (घूर्णनाक्ष पर लंब समतल के सापेक्ष)। इसीलिए केंद्रपरक सममिति वाले पिंड के दोनों अर्ध परस्पर दर्पणी समतुल्य होते हैं।

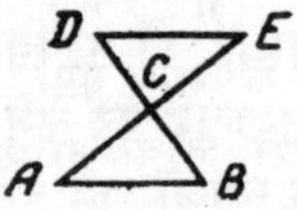

चित्र 211

उदाहरण. यदि पिरामिड $SABCDE$ (चित्र 212) के अस्र SA, SB, SC,... में से प्रत्येक को स्वयं के बराबर दूरी तक बढ़ाया जाये, तो दो पिरामिड $SABCDE$ और $Sabcde$ मिलकर केंद्र S के सापेक्ष एक केंद्रपरक सममित पिंड बनायेंगे।

यदि चित्र 212 का पिरामिड $SABCDE$ खोखला है और उसकी पेंदी नहीं है (पिरामिडी दोने की तरह है), तो उसे भीतर से उलट कर (कमीज की तरह) उसमें पिरामिड $Sabcde$ रख लिया जा सकता है; बिना उलटे सामान्यतया यह संभव नहीं है, क्योंकि सामान्य स्थिति में $SABCDE$ और $Sabcde$

चित्र 212

तुल्य नहीं हैं, वे दर्पणतः समतुल्य हैं। विशेष स्थितियों में (उदाहरणार्थ, जब पिरामिड $SABCDE$ नियमित होता है), दोनों भाग तुल्य भी हो सकते हैं।

3. **घूर्णन की सममिति.** पिंड (या आकृति) में घूर्णन की सममिति होनी है, यदि उसे किसी सरल रेखा AB (**सममिति के अक्ष**) के गिर्द $\frac{360^\circ}{n}$ (n — कोई पूर्ण संख्या) का घूर्णन देने पर वह अपनी आरंभिक स्थिति के साथ संपात कर जाता है। $n=2, 3, 4$, आदि होने पर क्रमशः दूसरी, तीसरी, चौथी आदि कोटि का सममिति-अक्ष प्राप्त होता है।

उदाहरण. वृत्त को केंद्रीय कोण 120° वाले तीन बराबर वृत्तांशों में काट लेते हैं (चित्र 213)। इन वृतांशों को बिना दूसरी तरफ उलटे एक पर एक रख कर उनमें कोई आकृति a काट लेते हैं। वृत्तांशों को पुनः पहले की तरह वृत्त के रूप में जोड़ कर एक आकृति (तीन छेदों वाला एक वृत्त) प्राप्त करते हैं, जिसमें घूर्णन की सममिति होती है; सममिति-अक्ष तीसरी कोटि का होता है और वह चित्र पर लंब की दिशा में होता है। आकृति को 120° का घूर्णन देने पर वह पूर्णतया आरंभिक स्थिति के साथ संपात कर जाता है।

चित्र 213

अधिक संकीर्ण अर्थ में सममिति-अक्ष दूसरी कोटि के सममिति-अक्ष को कहते हैं; इस स्थिति में अक्षीय सममिति प्राप्त होती है, जिसे निम्न तौर पर परिभाषित किया जा सकता है: आकृति (या पिंड) में अक्षीय सममिति होती है, यदि उसके हर बिंदु E के अनुरूप उसी आकृति में एक ऐसा बिंदु F है कि कर्त EF अक्ष पर लंब होता है, उसे काटता है और कटान-बिंदु पर समद्विभाजित होता है। ऊपर विचाराधीन त्रिभुजों के जोड़े (चित्र 211) में केंद्रपरक सममिति के अतिरिक्त अक्षीय सममिति भी है; उसका सममिति-अक्ष बिंदु C से चित्र की लंब दिशा में गुजरता है।

उपरोक्त प्रकार की सममितियों के उदाहरण।

वर्तुल में केंद्रपरक, दर्पणी और अक्षीय सममितियां होती हैं। इसमें सममिति-केंद्र वर्तुल का केंद्र होता है, सममिति-तल किसी भी वृहत्त वृत्त का समतल होता है, सममिति-अक्ष कोई भी व्यास होता है। अक्ष की कोटि कोई भी पूर्ण संख्या हो सकती है।

ऋजु गोल कोन में अक्षीय सममिति (किसी भी कोटि की) होती है; सममिति-अक्ष कोन का अक्ष है।

नियमित पंचभुज प्रिज्म में सममिति-तल होता है, जो आधारों के समानांतर उनसे तुल्य दूरियों पर गुजरता है; उसका सममिति-अक्ष 5-वीं कोटि का होता है। सममिति-तल का काम प्रिज्म के पार्श्व फलकों से बने किसी दुफलक कोण को समद्विभाजित करने वाला समतल भी कर सकता है।

§ 177. समतली आकृतियों की सममिति

1. दर्पणी-अक्षीय सममिति. यदि समतली आकृति *ABCDE* (चित्र 214) समतल *P* के सापेक्ष सममित है (जो तभी संभव है, जब समतल *P* और

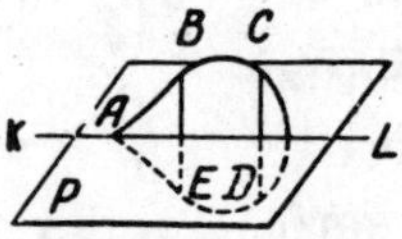

चित्र 214

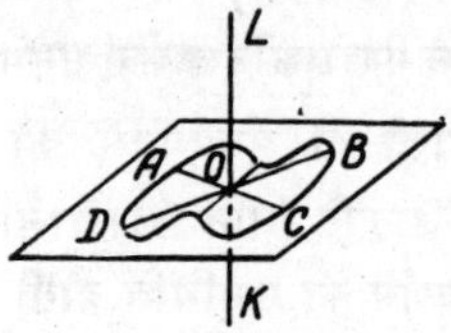

चित्र 215

ABCDE परस्पर लंब होंगे), तो इन दोनों तलों की कटान-रेखा *KL* आकृति *ABCDE* के लिए दूसरी कोटि का सममिति-अक्ष है।

इसके विलोम, यदि आकृति *ABCDE* का सममिति-अक्ष इस पर स्थित सरल रेखा *KL* है, तो यह आकृति *KL* से अपने लंब खींचे गये समतल *P* के सापेक्ष सममित होगी। इसीलिए अक्ष *KL* को समतली आकृति *ABCDE* की दर्पणी रेखा भी कहते हैं।

दो दर्पणतः सममित समतली आकृतियों को हमेशा ही एक-दूसरे पर संपात कराया जा सकता है, पर इसके लिए उनमें से किसी एक (या दोनों) को उनके सामूहिक समतल पर से हटाना पड़ेगा।

2. केंद्रपरक सममिति. यदि समतली आकृति *ABCD* (चित्र 215) के तल पर लंब सरल रेखा *KL* आकृति का दूसरी कोटि वाला अक्ष है, तो *KL* और आकृति के तल का कटान-बिंदु *O* आकृति *ABCD* का सममिति-केंद्र है।

विलोमतः, यदि समतली आकृति *ABCD* का सममिति केंद्र *O* है (इसे प्रत्त आकृति पर ही होना चाहिए), तो बिंदु *O* से आकृति पर लंब रेखा आकृति का दूसरी कोटि वाला सममिति-अक्ष है।

इस प्रकार, दो केंद्रपरक सममित समतली आकृतियों को उनके तल से हटाये बगैर उन्हें एक-दूसरे पर रखा (संपात कराया) जा सकता है। इसके

लिए इनमें से किसी एक को सममिति-केंद्र के गिर्द 180° पर घूर्णन देना काफी है।

दर्पणी और केंद्रपरक, दोनों ही सममितियों में आकृति अनिवार्य रूप से दूसरी कोटि का सममिति-अक्ष रखती है, पर दर्पणी सममिति में यह अक्ष आकृति के ही समतल पर स्थित रहता है और केंद्रपरक सममिति में—आकृति के समतल पर लंब होता है।

इसीलिए तलमिति में सिर्फ प्रथम स्थिति को अक्षीय सममिति कहते हैं।

पिंडों की समरूपता

व्योम पिंडों और आकृतियों की **समरूपता** समतली आकृतियों की समरूपता (§ 152) की तरह ही परिभाषित हो सकती है। दो पिंड **समरूप** होते हैं, यदि एक की सभी रैखिक मापों को समान अनुपात में बढ़ाने (या घटाने) से दूसरा पिंड प्राप्त हो जाता है। कोई मशीन और उसका छोटा प्रतिमान समरूप पिंड हैं।

दो पिंड (या आकृतियाँ) **दर्पणतः समरूप** होते हैं, यदि उनमें से एक पिंड दूसरे के दर्पणी बिंब के साथ समरूप होता है। यथा, फोटोचित्र और उसका निगेटिव दर्पणतः समरूप होते हैं। भिन्न साइज के, पर एक ही कटिंग के दो जूते—एक बायें पैर का और दूसरा दायें पैर का—लिये जायें, तो वे भी दर्पणतः समरूप होंगे।

समरूप तथा दर्पणतः समरूप आकृतियों में सभी सानुरूप कोण (रैखिक और दुफलकी) परस्पर बराबर होते हैं। समरूप पिंडों में सानुरूप बहुफलकी तथा ठोस कोण भी परस्पर बराबर होते हैं, दर्पणतः समरूप पिंडों में वे दर्पणतः समतुल्य होते हैं।

यदि दो चौफलकों (अर्थात् दो तिकोण पिरामिडों) *के सानुरूप अस्त्र समानुपाती हैं* (अर्थात् सानुरूप फलक समरूप हैं), *तो वे या तो समरूप हैं या दर्पणतः समरूप हैं।* अतः, उदाहरण के लिए, यदि प्रथम चौफलक के अस्त्र दूसरे से दुगुना अधिक हैं, तो उसकी ऊँचाई और उस पर परीत वर्तुल की त्रिज्या भी दूसरे चौफलक की ऊँचाई और उस पर परीत वर्तुल की त्रिज्या से दुगना अधिक होंगी।

अधिक संख्या में फलकों वाले बहुफलकों के लिए यह प्रमेय सही नहीं है। उदाहरण के लिए मान लें कि 12 परस्पर बराबर छड़ों के सिरों को इस प्रकार

से जोड़ा गया है कि वे एक घन के अग्र बन जाते हैं। यदि उन्हें चूलों के सहारे जोड़ा गया है, तो छड़ों को बिना लमड़ाये ही उनमें प्राप्त आकृति को घन से समांतर छफलक P में परिणत किया जा सकता है। P का समरूप समांतर छफलक P_1 किसी घन के साथ न तो समरूप होगा, न दर्पणतः समरूप होगा, यद्यपि उसके अस्र घन के अस्रों के साथ समानुपाती होंगे। छः छड़ों से बने चौफलक के साथ यह बात नहीं होगी, क्योंकि उसका रूप ज्यों का त्यों बना रहेगा, चाहे उसके सभी जोड़ चूलों से क्यों न बने हों।

इस प्रकार, सभी अस्रों का समानुपाती होना पिंडों की समरूपता या दर्पणी समरूपता के लिए व्यापकतः पर्याप्त शर्त नहीं है।

दो प्रिज्म या दो पिरामिड समरूप या दर्पणतः समरूप होते हैं, यदि एक का आधार तथा कोई एक पार्श्विक फलक दूसरे के सानुरूप आधार तथा पार्श्विक फलक के साथ समरूप हैं और इसके अतिरिक्त यदि दोनों प्रिज्मों (पिरामिडों) में इन फलकों से बने दुफलकी कोण परस्पर बराबर हैं।

दो नियमित प्रिज्म या पिरामिड (जिनमें फलकों की संख्याएं समान हैं) तभी समरूप होते हैं, जब उनके आधारों की त्रिज्याओं का व्यतिमान उनकी ऊँचाइयों के व्यतिमान के बराबर होता है। दो गोल बेलन या कोन तब समरूप होते हैं, जब दोनों में आधार की त्रिज्या और ऊँचाई के व्यतिमान परस्पर बराबर होते हैं।

समरूप पिंडों में सभी सानुरूप समतली तथा वक्र सतहों के क्षेत्रफल सानुरूप कर्तों के वर्गों के साथ समानुपाती होते हैं, अर्थात् क्षेत्रफलों का व्यतिमान समरूपता-व्यतिमान के वर्ग के बराबर होता है (समरूपता-व्यतिमान सानुरूप कर्तों का व्यतिमान है, जो समरूपता का अनुपात व्यक्त करता है)।

समरूप पिंडों का आयतन और साथ ही उनके सानुरूप टुकड़ों के आयतन सानुरूप कर्तों के घनों के साथ समानुपाती होते हैं (अर्थात् आयतनों का व्यतिमान कर्तों के घनों के व्यतिमान के बराबर होता है)।

अंतिम दो गुणों की सहायता से अनेक जटिल कलन सरल हो जाते हैं।

उदाहरण 1. 5 m व्यास वाले अर्ध वर्तुलाकार गुँबद रंगने में 6.5 kg तेल खर्च होता है। 8 m व्यास वाले गुंबद को रंगने में कितना तेल खर्च होगा?

दो अर्ध वर्तुल परस्पर समरूप पिंड होते हैं। उनकी सतहें (और इसीलिए उनको रंगने के लिए तेल की आवश्यक मात्राएं) व्यासों के वर्गों के साथ समानुपाती होंगी। तेल की इष्ट मात्रा को x से द्योतित करने पर:

$$\frac{x}{6.5} = \left(\frac{8}{5}\right)^2, \quad x = 6.5\left(\frac{8}{5}\right)^2 \approx 16.6 \text{ kg.}$$

उदाहरण 2. 11 cm ऊँचाई और 8 cm व्यास वाले बेलनाकार डिब्बे में कोई सामग्री 0.5 kg की मात्रा में अँटती है। उसी सामग्री की 1 kg मात्रा के लिए उसी आकार के डिब्बे की मापें क्या होंगी ?

इष्ट ऊँचाई को h और इष्ट व्यास को d से द्योतित करने पर :

$$\left(\frac{h}{11}\right)^3 = \frac{1}{0.5} = 2, \text{ जिससे}$$

$$h = 11\sqrt[3]{2} \approx 14 \text{ cm.}$$

ठीक इसी प्रकार से : $d = 8\sqrt[3]{2} \approx 10 \text{ cm.}$

पिंडों के आयतन और उनकी सतहें

द्योतन. V=आयतन, S=आधार का क्षेत्रफल, S_{pa}=पार्श्विक सतह का क्षेत्रफल, P=पूर्ण सतह, h=ऊँचाई; a, b, c=ऋजु छफलक की मापें; A=नियमित पिरामिड और नियमित उच्छेदित पिरामिड का दूरक, l=कोन की निमित्त रेखा, p=आधार की परिधि या परिमिति, r=आधार की त्रिज्या, d=आधार का व्यास, R=वर्तुल की त्रिज्या, D=वर्तुल का व्यास।

प्रिज्म, ऋजु और तिर्यक; **समांतर छफलक** :

$$V = Sh.$$

ऋजु प्रिज्म :

$$S_{pa} = ph.$$

ऋजकोणिक समांतर छफलक :

$$V = abc, \; P = 2\,(ab + bc + ac).$$

घन :

$$V = a^3, \; P = 6a^2.$$

पिरामिड, नियमित और अनियमित :

$$V = \tfrac{1}{3}Sh.$$

पिरामिड, नियमित :

$$S_{pa} = \tfrac{1}{2}pA.$$

उच्छेदित पिरामिड, नियमित और अनियमित :

$$V = \tfrac{1}{3}(S_1 + \sqrt{S_1 S_2} + S_2)h.$$

उच्छेदित पिरामिड, नियमित :

$$S_{pa}=\frac{1}{2}(p_1+p_2)A.$$

बेलन, गोल (ऋजु या तिर्यक) :

$$V=Sh=\pi r^2h=\frac{1}{4}\pi d^2h.$$

बेलन, गोल, ऋजु :

$$S_{pa}=2\pi rh=\pi dh.$$

कोन, गोल (ऋजु या तिर्यक) :

$$V=\frac{1}{3}Sh=\frac{1}{3}\pi r^2h=\frac{1}{12}\pi d^2h.$$

कोन, गोल ऋजु :

$$S_{pa}=\frac{1}{2}pl=\pi rl=\frac{1}{2}\pi dl.$$

कोन, गोल, उच्छेदित (ऋजु, तिर्यक) :

$$V=\frac{1}{3}\pi h(r_1^2+r_1r_2+r_2^2)=\frac{1}{12}\pi h(d_1^2+d_1d_2+d_2^2).$$

कोन, ऋजु गोल, उच्छेदित :

$$S_{pa}=\pi(r_1+r_2)l=\frac{1}{2}\pi(d_1+d_2)l.$$

वर्तुल :

$$V=\frac{4}{3}\pi R^3=\frac{1}{6}\pi D^3;\ P=4\pi R^2=\pi D^2.$$

अर्ध वर्तुल :

$$V=\frac{2}{3}\pi R^3=\frac{1}{12}\pi D^3,\ S=\pi R^2=\frac{1}{4}\pi D^2,$$
$$S_{pa}=2\pi R^2=\frac{1}{2}\pi D^2,\ P=3\pi R^2=\frac{3}{4}\pi D^2.$$

वर्तुलखंड :

$$V=\pi h^2\left(R-\frac{1}{3}h\right)=\frac{\pi h}{6}(h^2+3r^2),$$
$$S_{pa}=2\pi Rh=\pi(r^2+h^2),\ P=\pi(2r^2+h^2).$$

वर्तुल-परत :

$$V=\frac{1}{6}\pi h^3+\frac{1}{2}\pi(r_1^2+r_2^2)h,\ S_{pa}=2\pi Rh.$$

वर्तुलांश :

$V=\frac{2}{3}\pi R^2h'$ (h' वर्तुलांश में निहित वर्तुलखंड की ऊँचाई है)

खोखला वर्तुल :

$$V=\frac{4}{3}\pi(R_1^3-R_2^3)=\frac{\pi}{6}(D_1^3-D_2^3);$$
$$P=4\pi(R_1^2+R_2^2)=\pi(D_1^2+D_2^2)$$

(R_1 व R_2 आंतरिक व बाह्य वर्तुलाकार सतहों की त्रिज्याएँ हैं)।